4

COLEÇÃO
EMERGÊNCIA CLIMÁTICA

Observatório Interdisciplinar das Mudanças Climáticas

mórula EDITORIAL

AGENDA VERDE NAS RELAÇÕES UNIÃO EUROPEIA-AMÉRICA LATINA

COOPERAÇÃO, COMÉRCIO E INVESTIMENTOS

Ana Paula Tostes
Yasmin Renni (ORG.)

Financiado pela
União Europeia

As opiniões e pontos de vista expressos são de exclusiva responsabilidade do/da(s) autor (es/as) e não refletem necessariamente os/as da União Europeia ou da Universidade do Estado do Rio de Janeiro (UERJ). Nem a União Europeia nem a UERJ podem ser responsabilizadas por elas.

REVISÃO
Arman Neto

DADOS INTERNACIONAIS DE CATALOGAÇÃO NA PUBLICAÇÃO (CIP)
DE ACORDO COM ISBD
Elaborado por Vagner Rodolfo da Silva – CRB 8/9410

A265

Agenda verde nas relações União Europeia-América Latina: cooperação, comércio e investimentos / organizado por Ana Paula Tostes, Yasmin Renni. – Rio de Janeiro: Mórula Editorial, 2025.
276 p. ; 14cm x 21cm (Emergência Climática ; 4)

ISBN 978-65-6128-148-5

1. Meio ambiente. 2. Agenda verde. 3. Emergência climática. I. Tostes, Ana Paula. II. Renni, Yasmin. III. Título. IV. Série.

2025-5074 CDD: 577
CDU: 574

Índice para catálogo sistemático:
1. Meio ambiente 577
2. Meio ambiente 574

Rua Teotônio Regadas 26 sala 103
20021_360 _ Lapa _ Rio de Janeiro _ RJ
www.morula.com.br _ contato@morula.com.br
morulaeditorial morula_editorial

INTRODUÇÃO

Ana Paula Tostes
Yasmin Renni

O aquecimento do planeta Terra é uma realidade. O marco sobre as negociações internacionais no caminho do comprometimento (ou do negacionismo) sobre a emergência climática enquanto um problema global e prioritário deu-se com o Acordo de Paris, realizado em 2015.

Apesar da Europa — naturalmente, alguns países em especial — ter sido pioneira na produção de normas e políticas ambientais desde a década de 1970, foi no âmbito das suas relações internacionais que vimos a busca de uma posição de liderança sobre o tema, com mais ou menos sucesso, muitas críticas e alguns avanços.

O Pacto Verde Europeu (*European Green Deal*), lançado em dezembro de 2019, foi negociado no âmbito regional desde a presidência da Comissão Europeia de Jean-Claude Juncker, a partir do Acordo de Paris, e entregue à nova Comissão de Ursula von der Leyen para ser sua principal agenda. Lançado dias após o início da nova presidência da Comissão Europeia, o Pacto Verde entra em vigor meses antes da crise pandêmica do covid-19 eclodir e paralisar a economia global, impossibilitando avanços estratégicos no campo de tomadas de decisões e implementação imediata de medidas baseadas em uma perspectiva de problemas sociais e globais anteriores ao trauma de uma pandemia que levou à morte cerca de 15 milhões de pessoas entre 2020 e 2021, segundo a Organização Mundial da Saúde (OMS).

Em 2022, a União Europeia passou a vivenciar, no início de sua recuperação econômica, uma guerra nas suas fronteiras com a invasão da Ucrânia pela Rússia, o que levou a uma nova virada de ajustes e planos de implementação dos compromissos assumidos em Paris.

Neste livro, organizado no âmbito das atividades promovidas pela Cátedra Jean Monnet na Universidade do Estado do Rio de Janeiro (UERJ), buscamos refletir sobre diferentes dimensões das relações entre União Europeia e América Latina, com foco na América do Sul e no Brasil. A contribuição dos autores do livro foi fundamental para compor uma diversidade de aspectos de interesse urgente e contemporâneo sobre o tema do enfrentamento das mudanças climáticas em meio às relações entre Brasil e União Europeia.

Dentre os autores que contribuem para este volume, temos desde pesquisadores *seniors* até jovens doutores na busca de um diálogo de gerações e perspectivas a respeito do tema. Polianna Portela e Carlos Milani trazem uma contribuição fundamental sobre o panorama da dinâmica dos investimentos advindos dos países da União Europeia no setor de energia renovável no Brasil. Dentre vários elementos em análise e apresentação de dados relevantes sobre os marcos institucionais da política energética da União Europeia e da parceria estratégica entre União e Brasil no setor de energia e clima, o capítulo deixa claro o quanto a questão energética assume um papel particularmente complexo quando comparado aos outros campos políticos. Não pela sua natureza transversal, intersetorial e profundamente vinculada a dinâmicas do poder estrutural dos Estados, como afirmam os autores, mas ainda por abranger, nas relações entre União Europeia e Brasil, desde a cooperação para o desenvolvimento e política externa, até áreas como pesquisa, inovação e financiamento, tanto no ordenamento público dos Estados-membros. Setores privados e públicos entram em cena e interesses estratégicos podem envolver questões de segurança.

Assim, a capilarização do tema e o envolvimento de atores diversos também está refletida no capítulo de Bruno Theodoro Luciano e Maria Laura Lanza, que exploram mais especificamente a estratégia do *Global Gateway* da União, lançado em 2021 e depois revisitado com a agenda de investimentos de 2023, quando a América Latina passa a ser visada como parceira privilegiada na busca por novos espaços de influência, tanto na competição internacional com a China, quanto na busca da transição energética na região. Os autores partem de uma perspectiva da Economia Política Internacional Crítica e da Teoria Política Verde para avaliar como o *Global Gateway* contribui para a agenda verde globalmente. Esse capítulo examina criticamente os principais projetos da iniciativa no Brasil e no Chile e seu alinhamento com os Objetivos de Desenvolvimento Sustentável, particularmente nos setores de clima e energia verde, apontando seus limites.

Fernanda Cristina Nanci Izidro Gonçalves e Patrícia Nasser de Carvalho excursionam pelos desafios enfrentados nas negociações do Acordo de Livre Comércio entre a União Europeia e o Mercosul, mais especificamente em função da prática do bloco europeu em incluir o tema ambiental nos acordos de comércio e investimentos internacionais, que tem se intensificado. As autoras analisam as pressões por compromissos ambientais e os pontos de convergência e dissenso entre o Mercosul e a União Europeia a partir do histórico das negociações até a identificação dos setores sensíveis às medidas de implementação de normas ambientais, como os setores agrícola e da indústria, até os impactos e as implicações políticas e econômicas para a região da integração sul-americana.

Em sequência, Andrea Ribeiro Hoffmann complementa de forma oportuna as implicações das relações entre os blocos econômicos em função do tema da transição verde, e acresce à sua análise o âmbito da cooperação estratégica entre Brasil e União Europeia. Andrea traz ao debate uma abordagem das políticas sociais e globais para contextualizar a cooperação inter-regional e bilateral e analisa a agenda regional de mudanças climáticas da América Latina e Caribe, com base ainda no papel das comunidades epistêmicas. O capítulo traz destaque para os espaços de cooperação sobre o tema, tanto a partir de organizações tradicionais de integração regional como outras mais abrangentes, tais como Organização do Tratado de Cooperação Amazônica (OTCA), o Acordo Regional sobre Acesso à Informação e o Acordo de Escazú. Também com uma proposta de abordar o tema desde uma perspectiva teórica que possa trazer elementos de análise e crítica de forma mais criativa, o capítulo de Kai Enno Lehmann introduz o modelo conceitual da complexidade, segundo define o autor, como uma maneira de conceber e entender o comportamento da União Europeia nas suas relações internacionais em função do tema das mudanças climáticas. Kai realiza uma crítica sobre a incoerência da União em função de comportamentos divergentes interna e internacionalmente, assim como na sua prática discursiva e no pragmatismo, no campo das políticas ambientais e quanto aos compromissos com o Pacto Verde.

Os últimos dois capítulos do livro, por sua vez, apresentam contribuições de caráter informativo, pragmático e de avaliação de políticas, programas e investimentos no campo da implementação do Pacto Verde Europeu. Lucca Viersa Barros Silva contribui para uma visão mais focada no tema da promoção de políticas urbanas por meio de iniciativas europeias que merecem ser conhecidas e estão conectadas aos objetivos do Pacto Verde, como experimentações de eficiência energética e reabilitação de edifícios no marco das reformas urbanas associadas aos investimentos verdes.

O planejamento urbano no âmbito local da União Europeia é pouco conhecido no Brasil e Lucca traz uma investigação aprofundada sobre programas europeus associados a investimentos verdes para a promoção de cidades sustentáveis. Sua contribuição nos permite um olhar mais local sobre investimentos que conhecemos muitas vezes a partir de suas metas e origens e quase nada sobre seus destinos — lacuna que o capítulo nos permite preencher minimamente. De modo similar, Thauan Santos e Carine Lacerda introduzem no capítulo final deste livro o conceito de finanças azuis, como isto surge e os contextos em que vêm ganhando destaque nas discussões globais e locais sobre e para a conscientização a respeito da importância dos oceanos para o desenvolvimento sustentável e para a mitigação das mudanças climáticas. Os autores examinam o aumento de iniciativas e projetos de investimentos financiados pelo Banco Mundial e outros organismos multilaterais, e mais especificamente, o programa PROBLUE para o período de 2020 a 2024. Assim, o capítulo traz um mapeamento da economia azul, desde aspectos conceituais, marcos normativos e práticas de utilização sustentável de recursos oceânicos para promover o crescimento econômico ao tempo em que se criam constrangimentos e comprometimentos com a preservação de ecossistemas marinhos a partir da cooperação internacionais e participação de órgãos e instituições internacionais no processo. A análise empírica nos permite identificar como estão distribuídos os esforços do Banco Mundial entre os diferentes países da Europa e América Latina e Caribe.

Finalmente, esperamos que os debates trazidos por este volume sejam apenas um início de motivação para novas agendas de pesquisa sobre o tema, um ponto de partida para reflexões e críticas, bem como atualizações que esperamos manter na agenda de pesquisa sobre as mudanças climáticas, em que a União Europeia e suas relações com a América Latina e o Brasil tenham implicações a serem conhecidas, mapeadas e criticadas. Boa leitura!

CAPÍTULO 1

INVESTIMENTOS EUROPEUS EM ENERGIAS RENOVÁVEIS NO BRASIL: OS INTERESSES EUROPEUS DIANTE DA ECONOMIA POLÍTICA BRASILEIRA

Polianna de Almeida Portela
Carlos R. S. Milani

Introdução

Os investimentos em energia renovável desempenham um papel fundamental na transição energética e no alcance das metas climáticas globais. No entanto, apesar do crescimento dos aportes globais no setor, com US$ 2 trilhões destinados a tecnologias limpas em 2024, em comparação a US$ 1 trilhão para combustíveis fósseis, os países em desenvolvimento, excluindo a China, respondem por apenas 15% dos investimentos em energias renováveis (IEA, 2024). Esse déficit evidencia uma discrepância significativa: enquanto há uma demanda crescente pela descarbonização do setor energético, os elevados custos envolvidos na transição representam um obstáculo considerável para a viabilização de uma transição energética justa. Nesse contexto, para economias em desenvolvimento, como o Brasil, o Investimento Estrangeiro Direto (IED) emerge como uma estratégia central na implementação da transição.

É nesse cenário que se insere o presente capítulo, cujo objetivo é apresentar um panorama da dinâmica dos investimentos advindos

dos países da União Europeia (UE) no setor de energia renovável no Brasil. Entende-se por energia renovável o conjunto de fontes não-fósseis com baixo ou nulo impacto em matéria de emissões de gases de efeito estufa (GEE), contribuindo, portanto, para o enfrentamento global em prol de políticas climáticas e estratégias sustentáveis de transição energética. Entre essas fontes primárias, podem ser incluídas a energia hidroelétrica, eólica e solar. Cabe destacar ainda o papel do hidrogênio, classificado como fonte secundária não emissora de GEE. Mas para ser considerado efetivamente sustentável do ponto de vista climático, deve ser produzido a partir de fontes energéticas primárias renováveis.

Partindo de uma concepção ampla de energia renovável, este capítulo apresenta os dados desses investimentos sob distintos ângulos, com o intuito de evidenciar as diversas formas de atuação do capital externo europeu no setor energético brasileiro. O quadro apresentado pode também servir de impulso para pesquisas futuras sobre importância do Brasil como espaço de compensação das metas climáticas da UE. Assim, argumentamos que a trajetória desses investimentos é explicada não apenas pelas condições internas favoráveis e pelas políticas de atração de investimentos do Brasil, mas também pela política energética da UE, que tem buscado assumir papel de liderança na diplomacia climática, especialmente após o Acordo de Paris (Kamphof *et al.*, 2024).

Com efeito, destaca-se que os investimentos analisados não são compreendidos apenas como 'movimentações econômicas neutras', sendo interpretado aqui como a atuação internacional das empresas europeias, em especial no setor de energia. Tal atuação está fortemente condicionada pelos marcos regulatórios e pelas diretrizes políticas da própria UE. Assim, este capítulo parte da premissa de que tais empresas não operam isoladamente, mas frequentemente carregam consigo padrões tecnológicos, critérios de sustentabilidade e valores normativos que refletem o ordenamento institucional da UE.

Em outras palavras, o capital europeu funciona também como veículo de projeção regulatória e climática nos países receptores, especialmente quando se trata de setores estratégicos como energia.

Por fim, é imperioso observar alguns pontos metodológicos do capítulo na abordagem dos dados apresentados. O primeiro ponto é que este capítulo utiliza dados da base *Foreign Direct Investment Markets* (fDi Markets), da Financial Times Ltd., que monitora anúncios públicos de investimentos *greenfield* realizados por empresas privadas em diversos países. Assim, a base registra apenas projetos empresariais que envolvem a criação de novas operações, a expansão ou o reinvestimento de unidades existentes, fornecendo informações sobre valor estimado, localização, setor econômico e empresa responsável. Não são incluídos investimentos decorrentes de fusões e aquisições (M&A), empréstimos ou financiamentos multilaterais. A análise exploratória conta com dados que abrangem o período que vai de 2003 a 2024, considerando variáveis como país de origem do investimento, valor estimado, estado brasileiro de destino e empresa investidora. É importante salientar que por se tratar de dados de anúncios de investimento, a base pode superestimar o volume efetivamente realizado.

Por fim, cabe destacar que, para fins desta análise, são considerados como países da UE os 27 Estados-membros (UE-27), independentemente da data de adesão formal ou eventual saída. Essa escolha metodológica visa alinhar o capítulo aos marcos institucionais atuais da UE, especialmente no que tange à implementação das metas climáticas recentes. Ainda que a série histórica abranja o período de 2003 a 2024, a configuração da UE-27 permite captar com maior clareza o papel contemporâneo do bloco nos investimentos em energia renovável no Brasil. O capítulo está estruturado em duas grandes seções antes de apresentar as considerações finais: uma primeira em torno da construção da política energética europeia e outra de mapeamento da presença das empresas europeias no Brasil.

A Construção da política energética da União Europeia e sua influência nos Estados-membros

A crescente atuação de empresas privadas europeias na expansão do setor de energia renovável no Brasil, nos últimos anos, fez com que a UE respondesse pela maior parte dos investimentos acumulados no setor de renováveis brasileiro, em comparação aos Estados Unidos e à China, frequentemente apresentados como importantes atores nesse setor. Dentre o os UE-27 neste ponto, se destacam a França, a Espanha e a Itália.

FIGURA 1. **Investimentos acumulados em energia renovável no Brasil (2003-2024)**

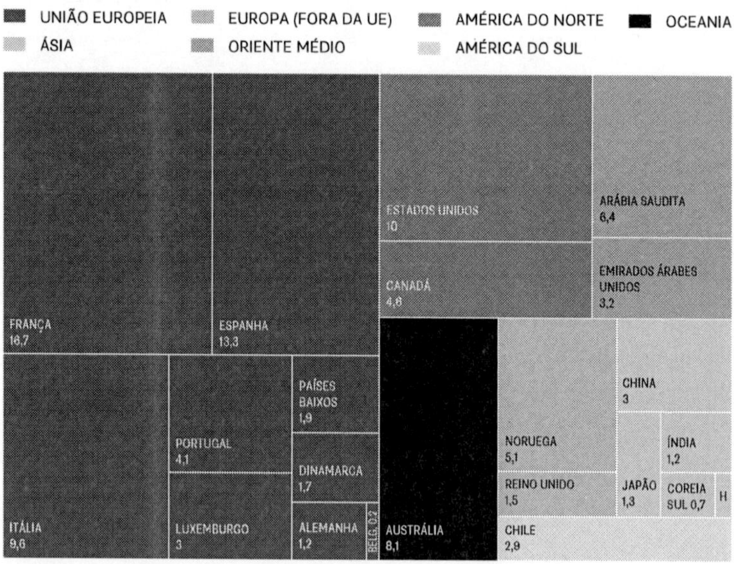

FONTE: Elaboração própria com base nos dados do fDi Markets (2025).

Conforme argumentam Knodt e Kemmerzell (2022), as transições energéticas são profundamente influenciadas por contextos institucionais e políticos específicos, não ocorrendo em ambientes neutros ou desestruturados. Essa perspectiva é aprofundada por Hochstetler (2020), que ao comparar os casos de Brasil e África do Sul, alerta para a economia política dos processos de transição energética. Para a autora, a transição energética pressupõe uma transformação abrangente na economia política, o que implica a construção de novos arranjos políticos e econômicos voltados à implantação de novas infraestruturas de produção e distribuição de energia, à adoção de novos padrões de consumo energético, bem como políticas públicas inovadoras nos setores de incentivos fiscais e de compras governamentais, entre outras medidas. Neste capítulo, consideramos a contribuição desses autores a fim de analisar três dimensões da política energética europeia: o primeiro aspecto é a construção dessa política em torno de um Trilema Energético (WEC, s.d.), o segundo é a atuação da UE sobre a governança energética e o objetivo de assumir um papel de liderança e o terceiro é o papel das empresas privadas nessa dinâmica, principalmente no que concerne fontes renováveis de energia (FER).

A apresentação do histórico em torno do trilema tem por objetivo demonstrar como a questão energética assume um papel particularmente complexo quando comparado aos outros campos políticos, sobretudo em razão de sua natureza transversal, intersetorial e profundamente vinculada a dinâmicas do poder estrutural dos Estados. Esse tema abrange desde a cooperação para o desenvolvimento, segurança nacional e política externa até áreas como pesquisa, inovação e financiamento, tanto no ordenamento público dos Estados-membros e da própria UE quanto no setor privado. Tal característica evidencia a diversidade de atores envolvidos nessa equação, contribuindo para a complexidade e capilarização do tema, que ora se apresenta sob o enquadramento da segurança energética, ora é moldado por dinâmicas econômicas ou por agendas de sustentabilidade, a depender do contexto histórico e político. É igualmente importante destacar que essa dinâmica, intitulada aqui como trilema energético, é profundamente influenciada pelos interesses específicos dos atores envolvidos, bem como pelas particularidades institucionais e políticas de cada Estado-membro do bloco, que nem sempre concordam com as metas e instrumentos, tornando essa, uma questão de constante tensão e disputa (Eicke; Petri, 2022; Gawel; Strunz, 2022; Kamphof *et al.*, 2024; Knodt; Kemmerzell, 2022; Knodt; Ringel, 2022).

Assim, não seria possível compreender a dinamicidade da atuação de empresas europeias no setor energético brasileira sem partir de uma interpretação do processo histórico da própria política energética do bloco. Nessa seara, a formulação do Livro Verde (2006), que apesar de ser um documento consultivo, impulsiona o debate em torno da vulnerabilidade energética e marca um ponto de inflexão na formulação da política do bloco, que passa a promover a integração da política energética em torno do trilema: sustentabilidade, segurança e competitividade (Eicke; Petri, 2022; Gawel; Strunz, 2022; Knodt; Kemmerzell, 2022; Knodt; Ringel, 2022).

O primeiro diz respeito ao desenvolvimento de fontes renováveis e tecnologias de baixo carbono, com foco na redução da demanda e no protagonismo europeu no enfrentamento das mudanças climáticas e na melhoria da qualidade do ar. O segundo visa assegurar que a abertura dos mercados energéticos gere benefícios concretos para consumidores e para a economia em geral, promovendo investimentos em inovação e eficiência. Já o terceiro busca reduzir a dependência externa por meio da diversificação de fontes e rotas de fornecimento, do estímulo à infraestrutura e da criação de mecanismos eficazes de resposta a crises, garantindo o acesso estável à energia em todo o bloco. Embora esses três objetivos estejam formalmente equilibrados no marco jurídico, sua priorização varia ao longo do tempo, em função das conjunturas geopolíticas, econômicas e ambientais (Knodt; Ringel, 2022).

A resposta institucional ao Livro Verde é formalizada com o Tratado de Lisboa, em 2009, permitindo maior coordenação supranacional e atuação externa do bloco. É imperioso observar que a política energética e climática evoluiu de forma fragmentada, mas progressiva, passando de iniciativas secundárias para um arcabouço estratégico robusto com o Artigo 194. do Tratado sobre o Funcionamento da União Europeia (TFUE), modificado desde o que foi estabelecido com as reformas do Tratado de Lisboa (Knodt; Kemmerzell, 2022), conforme apresentado no Quadro 1:

QUADRO 1. **Marcos institucionais da política energética da União Europeia: enquadramentos, contextos e evolução jurídico-política (1951-2021)**

DOCUMENTO / ATO OFICIAL	ANO	ENQUADRAMENTO	CARACTERÍSTICAS INSTITUCIONAIS E CONTEXTO HISTÓRICO
Tratado da CECA	1951	Competitividade	Criou o mercado comum de carvão e aço, estabelecendo a primeira base institucional de política energética da UE. Visava evitar guerras por recursos e criar cooperação econômica. Estabeleceu regulações comuns de mercado e proibição de subsídios e tarifas entre os Estados.
Tratado EURATOM	1957	Competitividade	Fundou a Comunidade de Energia Atômica com o objetivo de promover a energia nuclear como fonte segura e pacífica. Estimulou uma indústria comum europeia com apoio estatal permitido.
Tratado da CEE	1957	Competitividade (latente)	Não mencionava energia explicitamente, mas previa dispositivos acionáveis em caso de emergência no fornecimento. Abriu espaço jurídico para ações futuras em energia.

QUADRO 1. **Marcos institucionais da política energética da União Europeia: enquadramentos, contextos e evolução jurídico-política (1951-2021)** (CONT.)

DOCUMENTO / ATO OFICIAL	ANO	ENQUADRAMENTO	CARACTERÍSTICAS INSTITUCIONAIS E CONTEXTO HISTÓRICO
Diretiva de Estoques (CE)	1968	Segurança do Abastecimento	Aprovada após a Guerra dos Seis Dias, que causou choques no fornecimento de petróleo. Estabeleceu a obrigação de manter estoques mínimos de petróleo (65 dias), marcando a entrada da segurança como tema energético.
Norma da AIE (OCDE)	1974	Segurança do Abastecimento	Após a crise do petróleo de 1973, a Agência Internacional de Energia exige 90 dias de estoque. A UE passa a seguir essa regra, reforçando o alinhamento internacional e institucionalizando o enquadramento de segurança.
Resoluções do Conselho sobre Estratégia Energética	1974	Segurança e Competitividade	Primeira formulação estratégica conjunta da política energética. Reação às crises do petróleo. Introduz diretrizes de redução da demanda e diversificação, mas ainda sem base jurídica formal. Questões ambientais foram mencionadas de forma marginal.

QUADRO 1. **Marcos institucionais da política energética da União Europeia: enquadramentos, contextos e evolução jurídico-política (1951-2021)** (CONT.)

DOCUMENTO / ATO OFICIAL	ANO	ENQUADRAMENTO	CARACTERÍSTICAS INSTITUCIONAIS E CONTEXTO HISTÓRICO
Livro Verde & Livro Branco da Energia	1994-1995	Sustentabilidade, Competitividade e Segurança	Formalizam o triângulo energético. Sustentabilidade torna-se o terceiro enquadramento. O Livro Verde reconhece tensões entre os objetivos e introduz trajetórias indicativas. A Conferência da ONU no Rio (1992) e a Comissão Brundtland impulsionaram o enquadramento ambiental na política energética da UE.
Livro Verde "Energia Sustentável, Competitiva e Segura"	2006	Sustentabilidade, Competitividade e Segurança	Marca o topo da sustentabilidade nos discursos. Surge em meio ao aumento das preocupações com mudanças climáticas e à crise energética entre Rússia e Ucrânia. Reforça a necessidade de integração e descarbonização, e antecipa o vínculo com política climática.
Plano de Ação para Energia (2007-2009)	2007	Segurança, Solidariedade, Sustentabilidade	Resposta institucional aos conflitos de gás entre Rússia, Ucrânia e Belarus, que afetaram a UE após sua ampliação ao Leste. Polônia pressiona por solidariedade europeia. O plano fortalece infraestrutura e resposta a crises, e conecta segurança ao mercado interno e política externa (Rússia, Ásia Central, BICs).

QUADRO 1. **Marcos institucionais da política energética da União Europeia: enquadramentos, contextos e evolução jurídico-política (1951-2021)** (CONT.)

DOCUMENTO / ATO OFICIAL	ANO	ENQUADRAMENTO	CARACTERÍSTICAS INSTITUCIONAIS E CONTEXTO HISTÓRICO
Tratado de Lisboa (Art. 194 TFUE)	2009	Competitividade, Segurança, Sustentabilidade, Solidariedade	Primeira base jurídica explícita para a política energética. Formaliza os três enquadramentos clássicos + solidariedade. Resultado da pressão de coalizões discursivas do Leste Europeu após as crises de gás e da percepção de vulnerabilidade.
Regulamento de Governança da União da Energia	2018	Sustentabilidade	Estabelece os Planos Nacionais de Energia e Clima (PNEC), avaliações de ambição, trajeto indicativo e o mecanismo gap-filler. Representa o esforço de tornar a governança mais rígida. Desenvolvido após implementação fraca das metas 2030 e para alinhar-se ao Acordo de Paris.
Pacto Verde Europeu	2019	Sustentabilidade	Meta de neutralidade climática até 2050; apresentado por Ursula von der Leyen como estratégia ampla de transformação econômica. Lançado após frustração com metas nacionais pouco ambiciosas nos PNEC e crescente pressão internacional por ação climática.

QUADRO 1. **Marcos institucionais da política energética da União Europeia: enquadramentos, contextos e evolução jurídico-política (1951-2021)** (CONT.)

DOCUMENTO / ATO OFICIAL	ANO	ENQUADRAMENTO	CARACTERÍSTICAS INSTITUCIONAIS E CONTEXTO HISTÓRICO
Pacote "Fit for 55"	2021	Sustentabilidade	Introduz a Lei Climática da UE com meta de -55% de GEE até 2030. Reforça ETS, renováveis e eficiência. Propõe fórmula para calcular contribuições nacionais e reforça mecanismos corretivos, mas sem tornar metas nacionais legalmente obrigatórias. Resultado da tentativa de corrigir lacunas no cumprimento das metas do Pacto Verde.

FONTE: Elaboração própria, com base em Knodt e Ringel (2022)

No entanto, se por um lado a política energética nos Estados-membros é amplamente moldada por interesses e competências nacionais, uma vez que o controle soberano sobre suas matrizes energéticas permanece sob jurisdição nacional, por outro lado, o avanço do enquadramento da sustentabilidade na pauta energética no nível regional tem influenciado progressivamente a governança energética nacional por meio do desenvolvimento de novas diretrizes (Eicke; Petri, 2022; Gawel; Strunz, 2022; Knodt; Kemmerzell, 2022; Knodt; Ringel, 2022).

Nesse sentido, após o Tratado de Lisboa, o então presidente da Comissão Europeia, Jean-Claude Juncker, lançou a iniciativa da União da Energia (2014), visando superar os bloqueios e desentendimentos da política energética europeia. Em consequência, a Comissão propôs, em 2016, uma estratégia de governança com proposito de alcançar as metas de 2030, que estavam em torno de reduzir em 40% as emissões de gases de efeito estufa, alcançar 32% de participação de renováveis no consumo final de energia e aumentar a eficiência energética em pelo menos 32,5% (Eicke; Petri, 2022; Knodt; Ringel, 2022).

O principal instrumento dessa estratégia foi o Regulamento de Governança, em vigor desde dezembro de 2018 (Regulamento UE 2018/1999), como parte do pacote legislativo *Clean Energy for All Europeans*. Esse regulamento buscou influenciar as políticas energéticas nacionais sem transferir mais competências para o nível supranacional, nem exigir unanimidade. Como elemento central, o regulamento se organizou em torno dos Planos Nacionais de Energia e Clima (NECPs), em que os Estados-membros apresentaram metas e contribuições nacionais, além de estratégias e medidas, diagnósticos da situação atual e previsões e avaliações de impacto (Knodt; Ringel, 2022).

Nessa seara, caberia à Comissão Europeia avaliar os planos nacionais e emitir recomendações quanto ao nível de ambição e à adequação das medidas propostas para o cumprimento das metas de 2030. E os Estados-membros deveriam responder a essas recomendações e corrigir eventuais lacunas de ambição ou falhas de implementação no prazo de um ano. O regulamento também introduz mecanismos mais rígidos de correção, como o uso de algoritmos para definir metas nacionais ausentes, especialmente no que se refere às fontes renováveis de energia (Knodt; Ringel, 2022).

Contudo, a insuficiente ambição dos PNEC, que mesmo após recomendações da Comissão não atingiram as metas estabelecidas para energias renováveis e eficiência energética, somada à limitação dos mecanismos de governança então vigentes, impulsionou a formulação de uma nova estratégia europeia. Como resposta, a Comissão lançou o Pacto Verde Europeu, no qual estabeleceu o objetivo de tornar a economia da União Europeia neutra em carbono até 2050 (European Union, 2019). Para viabilizar esse compromisso, foi apresentado em julho de 2021 o pacote legislativo "*Fit for 55*", com propostas de revisão e introdução de novas iniciativas legais voltadas à redução de pelo menos 55% das emissões líquidas de gases de efeito estufa até 2030, em comparação aos níveis de 1990 (Knodt; Ringel, 2022).

Em síntese, as decisões referentes à política energética europeia são marcadas por uma tensão estrutural entre centralização e descentralização, no sentindo de que, a despeito da tomada de decisões sobre tal política, está longe de configurar um sistema centralizado ao nível da UE. A construção de um arcabouço comum para o clima e energia representa uma forma, em certa medida, de influência da Comissão Europeia sobre a atuação dos Estados-membros, conforme pontuam Callies e Hey:

> O impacto da UE sobre a matriz energética nacional é predominantemente indireto, mas ainda assim poderoso. Portanto, mesmo que, na esfera da política energética, persista uma margem considerável de autonomia nacional, que pode ser utilizada para organizar uma transição energética rumo a um sistema de eletricidade baseado em fontes renováveis, como ocorre na Alemanha, o sucesso dessa transição depende fortemente de um arcabouço de políticas da UE que a apoie, especialmente no que se refere à mitigação climática, a condições especiais para as energias renováveis e ao desenvolvimento de infraestrutura dedicada. Esse arcabouço de apoio está em formação, mas está longe de ser estável e coerente diante das exigências de longo prazo para uma economia de baixo carbono (Callies; Hey, 2013, p. 88).

Essa influência indireta pode ser vista no grau de homogeneidade nas políticas implementadas para fontes renováveis de energia (FER). Embora as decisões sobre políticas de FER sejam, em sua maioria, tomadas de forma descentralizada pelos Estados-membros, existe um certo tipo convergência que decorre de mecanismos indiretos e cooperativos promovidos, como os *State Aid Guidelines* e os PNEC. Trata-se, portanto, de um modelo de governança que, inspirado em experiências passadas de Bruxelas no setor econômico, evita uma padronização rígida, mas estimula a aproximação progressiva das estratégias nacionais por meio de diretrizes, metas comuns e incentivos à cooperação voluntária (Gawel; Strunz, 2022).

Gawel e Strunz (2022) observam que, embora não exista um modelo único de política energética renovável na UE, há evidências de uma convergência condicional e progressiva entre os Estados-membros, mediada por fatores geográficos, econômicos e políticos. O arranjo europeu, nesse sentido, não é nem inteiramente fragmentado, nem rigidamente centralizado, mas sim flexível, capaz de equilibrar a busca por eficiência sistêmica, a diversidade das preferências nacionais e a necessidade de respostas coordenadas aos desafios climáticos globais.

Quando se observa em perspectiva histórica a arquitetura institucional construída pela UE no campo da energia e do clima, percebe-se dois elementos invariantes: o primeiro é objetivo de consolidar uma governança energética supranacional capaz de responder aos desafios da segurança do abastecimento, da competitividade e da sustentabilidade do sistema; o segundo é o papel de liderança não só na governança climática global, em que se enquadra a transição energética. Esta, conforme Baker (2022), não é apenas um plano das políticas externas, mas é uma extensão direta do próprio projeto de integração europeia, sendo parte constitutiva da identidade e da legitimidade política do bloco.

Assim, a projeção externa da UE, segundo Baker (2022), não é apenas reflexo de interesses estratégicos ou econômicos, mas parte de um projeto político-identitário que busca moldar a ordem global à imagem dos valores europeus. Essa liderança externa é, portanto, uma extensão da sua própria construção interna, sendo parte do processo contínuo de consolidação da UE como ator internacional legítimo e distinto. Nessa seara, argumenta-se que os instrumentos de projeção externa do bloco não se restringiriam ao nível macroestrutural, estatal e diplomático, mas também se considera aqui na forma como empresas privadas europeias são influenciadas por esses valores e os difundem ao operar em países terceiros, como o Brasil.

Ainda que formalmente não-estatal, a alocação de capital e tecnologia por empresas privadas europeias não é considerada aqui como desvinculada da política externa climática dos Estados-membros e, consequentemente, influenciada indiretamente pelo próprio ordenamento da UE, os quais são masterizados na liderança normativa do bloco, descrita por Baker (2022). Ao levar consigo tecnologias, critérios ESG e padrões de baixo carbono, essas empresas ampliam o alcance dos princípios europeus no Brasil, funcionando como extensão prática e descentralizada da potência normativa europeia.

Nessa seara, Tostes e Werneck-Costa (2025) analisam que a inclusão dos países latino-americanos na agenda estratégica da UE pode ser vista como mais do que uma simples diversificação de parcerias ou uma busca por autonomia energética. Além da preocupação com a sustentabilidade, essas iniciativas carregam também o objetivo de promover a exportação de normas e padrões europeus de produção, inserindo a região em uma lógica regulatória alinhada aos valores e interesses do bloco.

Por fim, compreende-se que a política energética da UE avançou de forma progressiva, passando de um conjunto fragmentado de ações para uma agenda cada vez mais orientada por uma ideia de liderança climática. Essa liderança é construída institucionalmente por meio de marcos regulatórios e estratégicos e projetada externamente através de instrumentos normativos e políticos que ultrapassam as fronteiras do bloco. Argumenta-se, portanto, que existe um projeto europeu que não se limita às esferas diplomáticas formais, mas que também se materializa nas atuações de empresas privadas que internalizam padrões e valores regulatórios em suas estratégias de internacionalização. No caso brasileiro, essa influência pode ser vista no setor de energias renováveis, no qual a crescente presença de empresas europeias nas últimas décadas sugere que tais investimentos não derivam apenas das condições internas favoráveis oferecidas pelo Estado brasileiro, mas também refletem, sobretudo a partir do Estratégia *Global Gateway*, a influência da trajetória institucional normativa da própria UE no campo energético brasileiro. A partir deste ponto, volta-se o olhar para o mapeamento empírico da presença dessas empresas no Brasil, buscando identificar os padrões de atuação e os momentos nos quais são possíveis observar a influência dos objetivos político-energéticos europeus nesses investimentos.

Mapeando a atuação das empresas europeias no Brasil: entre investimento e difusão de normas

O Quadro 1, esboçado anteriormente, põe em evidência a complexidade em torno da governança energética da UE. Nesse processo, um traço marcante do quadro apresentado é como a política energética do bloco foi evoluindo na construção de um ordenamento normativo voltado à transição energética e à consolidação de sua liderança climática. Nessa mesma medida, também se observa que a relação entre o bloco e o Brasil no setor energético passou por um processo de transformação e aprofundamento ao longo do tempo, conforme o Quadro 2.

QUADRO 2. **Parceria estratégica Brasil-União Europeia em energia e clima (2007-2025)**

PERÍODO/ MARCO	INSTRUMENTO POLÍTICO OU PROJETO	TEMAS CENTRAIS
2007	Parceria Estratégica BR-UE (1ª Cúpula)	Bioenergia, energias renováveis, cooperação multilateral (ex: IBF)
2011-2015	Diálogos Setoriais em Bioenergia e *Smart Grids*	Eficiência energética, 2G biofuels, redes inteligentes
2013	Conferência e projeto em Geração Eólica Sustentável	Energia eólica, licenciamento ambiental
2014	Segurança *Offshore* e Regulação em *Smart Grids*	Petróleo e gás, interoperabilidade, redes

Em uma perspectiva histórica, o marco inicial da atuação das empresas privadas europeias no território brasileiro pode ser associado aos primeiros sinais de insegurança energética evidenciados pelos apagões no início dos anos 2000, após um período prolongado de seca que comprometeu drasticamente os reservatórios hidrelétricos do país (Brasil, 2002, 2004; CCEE, 2025; Clima Rentável, 2025; Dalbem; Gomes, 2019; ENBPar, 2025; Eletrobras, 2025; Lopes, 2011; Ozato *et al.*, 2022).

A crise revelou a vulnerabilidade de uma matriz excessivamente dependente da hidroeletricidade e levou o governo brasileiro a priorizar políticas de diversificação da oferta. Nesse contexto, foi criado o Programa de Incentivo às Fontes Alternativas de Energia Elétrica (Proinfa), em 2002, com o objetivo de fomentar investimentos em fontes renováveis, especialmente energia eólica, bioenergia e pequenas centrais hidrelétricas. Para garantir a viabilidade econômica desses

ATUAÇÃO DA UE	ATUAÇÃO DO BRASIL	EFEITOS ESTRATÉGICOS
Iniciativa política da Comissão Europeia	Prioridade para etanol, mercado de biocombustíveis	Início da diplomacia climática energética
Cooperação técnica via DG Energy e JRC	MCTI, MMA, ANEEL e universidades	Alinhamento institucional, criação de canais de transferência tecnológica
Transferência de *know-how* e modelagem de incentivos	Aneel, MMA, IBAMA	Aperfeiçoamento da regulação ambiental e energética
Benchmarks regulatórios da UE	Regulação da ANP e ANEEL	Harmonização técnico-regulatória e modernização de infra

QUADRO 2. **Parceria estratégica Brasil-União Europeia em energia e clima (2007-2025)** (CONT.)

PERÍODO/ MARCO	INSTRUMENTO POLÍTICO OU PROJETO	TEMAS CENTRAIS
2015	Cooperação em bioenergia de 2ª geração (chamada coordenada)	P&D, bioetanol avançado
2018	Projeto "Energy Transition" + Peritos Técnicos (Vidal, Pollis, Girio)	Governança da transição, regulação, reindustrialização verde
2024-2025	Think Tank Dialogue + Rumo à COP30 (Belém)	Justiça climática, rastreabilidade, investimentos verdes

FONTE: Elaboração própria com base nos documentos oficiais da Parceria Estratégica Brasil-União Europeia, incluindo os relatórios técnicos dos projetos ENER0007 e ENER0113, a declaração conjunta da Cúpula de 2007, o EU-Brazil STI Roadmap (2018) e o lançamento do EU-Brazil Think Tank Dialogue (2024).

empreendimentos, o programa ofereceu condições atrativas como a garantia de compra da energia por contratos de até vinte anos e acesso a financiamento com taxas diferenciadas viabilizado por bancos de desenvolvimento nacionais. Complementarmente, os leilões regulados pela Agência Nacional de Energia Elétrica (ANEEL) e pela Câmara de Comercialização de Energia Elétrica (CCEE) se consolidaram como instrumentos centrais para a contratação de energia renovável, proporcionando previsibilidade ao mercado e abrindo espaço para a entrada de empresas estrangeiras, sobretudo europeias, que buscavam expandir suas operações em economias emergentes com marcos regulatórios em consolidação (Brasil, 2002, 2004; CCEE, 2025; Clima Rentável, 2025; Dalbem; Gomes, 2019; ENBPar, 2025; Eletrobras, 2025; Hochstetler, 2020; Lopes, 2011; Ozato *et al.*, 2022).

ATUAÇÃO DA UE	ATUAÇÃO DO BRASIL	EFEITOS ESTRATÉGICOS
Horizon 2020, DG RTD	MCTI, FAPESP, CONFAP	Cooperação científica com potencial de comercialização
Inspiração no Clean Energy Package e Pacto Verde	Diagnóstico institucional do sistema energético brasileiro	Produção de recomendações estratégicas para convergência regulatória
Articulação político-intelectual, plataforma de soft power	CEBRI, MRE, *think tanks* brasileiros	Consolidação de uma diplomacia climática estratégica compartilhada

De acordo com Wall *et al.* (2018), os leilões públicos para contratação de energia renovável são mecanismos nos quais o governo ou uma autoridade reguladora define uma quantidade de energia ou capacidade a ser contratada e convida empresas a submeterem propostas competitivas de fornecimento. Os projetos vencedores, geralmente selecionados com base nos menores preços ofertados por megawatt-hora (MWh), recebem contratos de compra de energia (PPAs) com preços e prazos fixos, reduzindo a incerteza e os riscos para os investidores. Embora os leilões apresentem um impacto positivo na atração de IED, sua eficácia depende da existência de um arcabouço regulatório sólido e de processos transparentes. Em países com baixa capacidade institucional, esses mecanismos podem gerar resultados inconsistentes e comprometer a viabilidade dos projetos. Ainda assim, os leilões são considerados instrumentos eficientes para promover concorrência e reduzir custos, sendo especialmente eficazes em mercados mais maduros.

Além do Proinfa, os leilões de energia elétrica desempenharam um papel central na consolidação de uma política de diversificação da matriz energética brasileira ao longo dos anos 2000 e 2010. Regulamentados pela Lei nº 10.848/2004 e operacionalizados pela ANEEL e pela CCEE, esses leilões, tanto os Leilões de Fontes Alternativas (LFA) quanto os Leilões de Energia de Reserva (LER), se tornaram instrumentos estratégicos para garantir a contratação de novas usinas renováveis (Ensaio Energético, 2024; Lopes, 2011; WWF BRASIL, 2021).

A fim de analisar a dominância dos investimentos europeus e comparar a participação da UE com a de outros países, a análise dos dados a seguir foi estruturada em dois períodos estratégicos. O primeiro abrange os anos anteriores a 2019, delimitado pelo contexto que antecede a formulação do Pacto Verde Europeu, aprovado em dezembro daquele ano. O segundo abrange o intervalo entre 2020 e 2024, correspondente à fase posterior à adoção oficial do Pacto.

GRÁFICO 1. **Investimento anual em energia renovável *greenfield* no Brasil (2003-2024) (US$ milhões)**

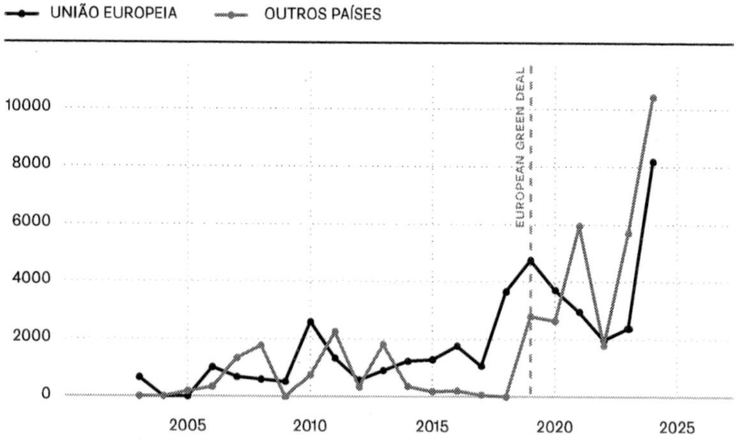

FONTE: Elaboração própria com base nos dados do fDi Markets (2025).

Conforme ilustrado no Gráfico 1, observa-se uma evolução consistente nos aportes de investimentos provenientes da UE no setor energético brasileiro ao longo do período anterior a 2019. Ainda que com oscilações em determinados anos, como em 2009, por exemplo, os valores investidos mantêm-se em patamares elevados, variando entre aproximadamente 500 milhões de dólares e 3,6 bilhões de dólares, demonstrando o interesse contínuo e relevante do bloco europeu nesse mercado. No mesmo intervalo, os investimentos oriundos de países não pertencentes à UE mantiveram-se em níveis significativamente inferiores, o que evidencia a predominância europeia no financiamento da expansão energética no Brasil. Contudo, a partir de 2021 é possível observar um aumento expressivo dos investimentos provenientes de países não-europeus, acompanhado por uma diversificação dos atores estrangeiros no setor.

GRÁFICO 2. **Média anual de investimento em energia renovável *greenfield* no Brasil (2003-2024) (US$)**

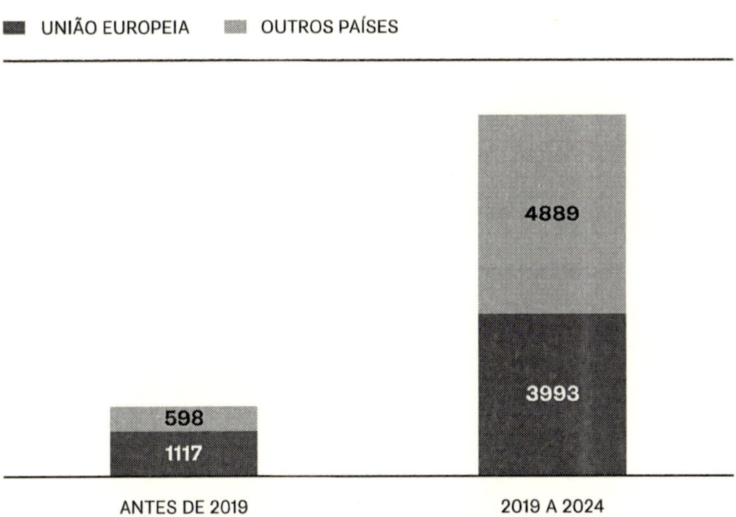

FONTE: Elaboração própria com base nos dados do fDi Markets (2025).

Como uma forma de diminuir as disparidades na comparação da intensidade dos investimentos nos períodos, optou-se por complementar a análise anterior explorando a média anual dos investimentos (Gráfico 2). Antes de 2019, os investimentos em energia renovável no Brasil eram liderados pela UE, que respondia por uma média anual de US$ 1.117 milhões, representando cerca de 65% do total investido no período. Os demais países aportavam, em média, US$ 598 milhões por ano, compondo os 35% restantes. A partir de 2019, no entanto, observa-se uma mudança significativa no padrão dos fluxos internacionais, embora a média anual de investimentos da UE tenha triplicado, alcançando US$ 3.993 milhões. O crescimento dos investimentos provenientes de outros países foi ainda mais expressivo, saltando para US$ 4.889 milhões por ano, um aumento superior a seis vezes. Essa transformação resultou na inversão da participação relativa entre os grupos, pois os países fora da UE passaram a liderar os aportes, concentrando cerca de 55% da média anual contra 45% do bloco. Os dados sugerem que, embora a UE tenha mantido um papel central no financiamento da transição energética brasileira, o país se tornou um destino cada vez mais atrativo para uma gama mais ampla de investidores globais, confirmado pela diversificação das origens do capital internacional no setor.

Ao desagregar os dados dos três principais países da UE que investem em energia renovável no Brasil, identificam-se dinâmicas distintas entre França, Espanha e Itália (Gráfico 3). A França, após um período inicial marcado por volatilidade, consolida-se como a principal investidora a partir de 2018, apresentando uma trajetória de expansão contínua que culmina em valores recordes em 2024. A Espanha, em contraste, exibe um padrão marcado por oscilações acentuadas, alternando períodos de crescimento abrupto com retrações significativas, sugerindo uma estratégia baseada em aportes pontuais de grande magnitude. A Itália adota uma trajetória mais gradual, com destaque para um pico expressivo em 2020, possivelmente associado à participação de algum leilão, seguido por um ritmo mais moderado

GRÁFICO 3. **Investimento anual em energia renovável *greenfield* por país (US$)**

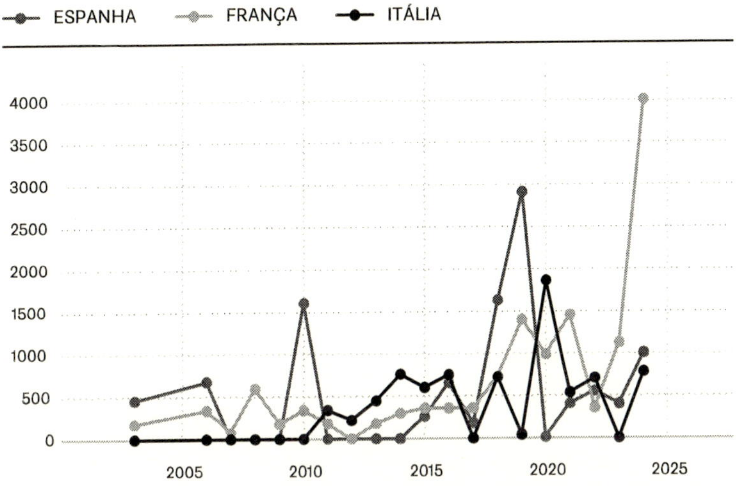

FONTE: Elaboração própria com base nos dados do fDi Markets (2025).

de crescimento. Tais variações reforçam que, embora os dados agregados apresentados ao longo deste capítulo apontem para uma predominância europeia nos investimentos em energia renovável, os países do bloco não adotam uma estratégia homogênea.

É imperioso destacar que, conforme observam Tostes & Werneck-Costa (2025), a Alemanha exerce um protagonismo entre os principais investidores estrangeiros no Brasil, especialmente em projetos de cooperação técnica e desenvolvimento sustentável na Amazônia Legal. Contudo, tais aportes não estão contemplados nesta pesquisa, pois a base utilizada (fDi Markets) registra exclusivamente investimentos *greenfield* anunciados por empresas privadas. Os recursos alemães observados pelos autores são canalizados por meio de mecanismos de cooperação governamental, como a GIZ, e instrumentos financeiros multilaterais, a exemplo do Fundo Amazônia e do REDD+.

Esses investimentos, embora expressivos, possuem natureza distinta do investimento estrangeiro direto empresarial monitorado pela base, motivo pelo qual não aparecem nas estatísticas analisadas.

Outra dinâmica observada é a distribuição espacial dos aportes no período analisado. Conforme o Gráfico 4, a Bahia é o estado que mais recebeu investimentos no período todo, seguida por Minas Gerais, Rio Grande do Norte, Ceará e São Paulo.

GRÁFICO 4. **Investimento anual em energia renovável *greenfield* por estado**

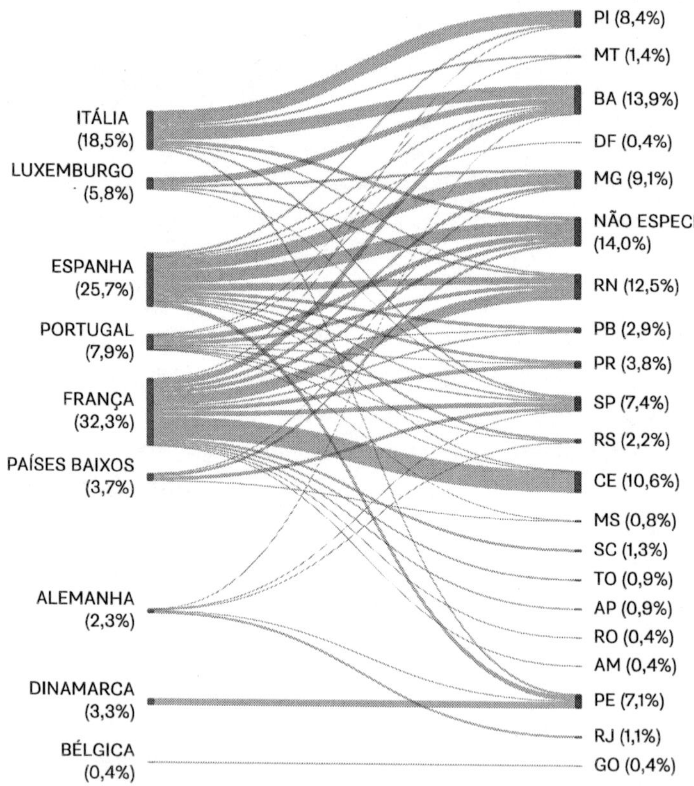

FONTE: Elaboração própria com base nos dados do fDi Markets (2025).

Por fim, observa-se a distribuição setorial dos investimentos europeus em energia renovável no Brasil, com uma forte concentração histórica nas fontes eólica e solar, que, somadas, representam a maior parte do capital investido no setor (Gráfico 6). No entanto, além da geração, destaca-se também a relevância do mercado de transmissão e, especialmente, do sistema de distribuição de energia, nos quais a presença de empresas privadas estrangeiras é predominante. Duas grandes corporações europeias se sobressaem nesse contexto, a espanhola Iberdrola, por meio da sua subsidiária Neoenergia, e a italiana Enel. Ambas concentram parcela significativa dos investimentos e da expansão da infraestrutura de distribuição de energia elétrica proveniente de fontes sustentáveis no Brasil (United States, 2023).

GRÁFICO 5. **Investimento *greenfield* acumulado por fonte de energia renovável (US$ milhões)**

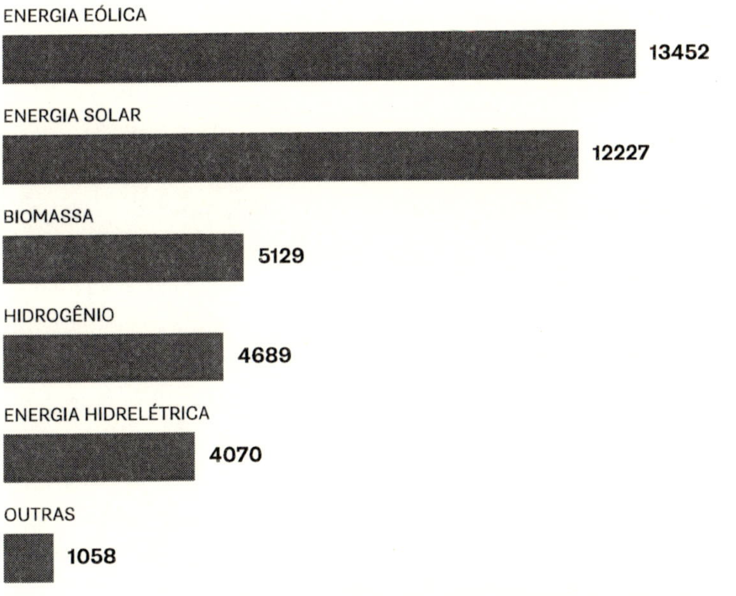

FONTE: Elaboração própria com base nos dados do fDi Markets (2025).

GRÁFICO 6. **Evolução dos investimentos *greenfield* por tipo de energia renovável ao longo dos anos (US$ milhões)**

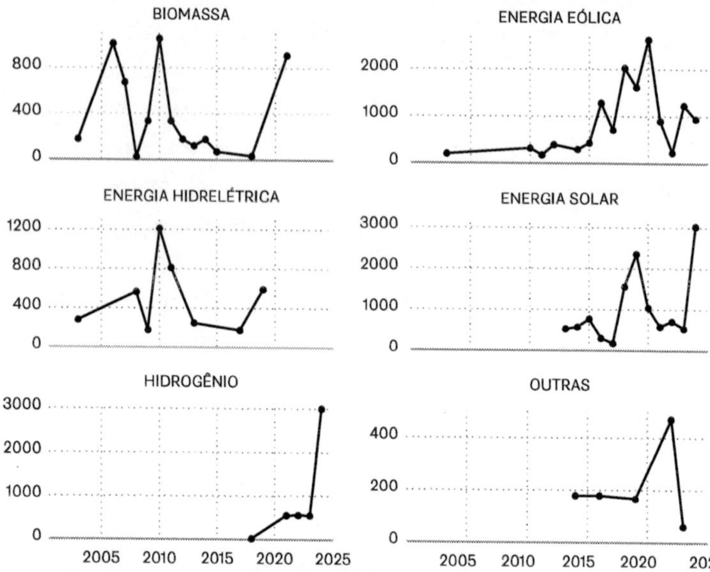

FONTE: Elaboração própria com base nos dados do fDi Markets (2025).

Quando analisamos a evolução temporal dos investimentos por tipo de energia renovável no Brasil, é possível identificar padrões dinâmicos e transformações estruturais nos perfis de aplicação de capital, os quais oferecem indícios relevantes sobre a influência crescente da política energética europeia no setor. A partir de 2015, observa-se uma inflexão clara: as fontes solar e eólica passam a despontar como as principais áreas de interesse das empresas europeias, enquanto a biomassa e, sobretudo, a hidrelétrica, perdem espaço como destinos preferenciais de investimento. Embora a biomassa tenha tido participação expressiva nos anos iniciais, impulsionada por incentivos estatais e a atratividade dos leilões públicos, sua relevância diminui progressivamente diante da ascensão das tecnologias eólica e solar.

Já os investimentos em hidrelétricas, com picos concentrados entre 2010 e 2011, desaparecem praticamente após 2015, o que sugere uma mudança na lógica de priorização das empresas.

Essa mudança de perfil parece convergir com os objetivos estratégicos da UE de promover fontes mais sustentáveis e inovadoras em sua atuação externa. Nesse sentido, chama atenção o surgimento recente de investimentos em projetos de hidrogênio verde no Brasil, especialmente a partir de 2024, os quais dialogam diretamente com a agenda do *Global Gateway* da UE. Este tipo de investimento, orientado por uma visão de longo prazo e por metas de neutralidade climática, reforça a hipótese de que o bloco europeu busca consolidar-se como ator global na transição energética, influenciando ativamente o direcionamento do capital privado europeu em territórios estratégicos como o Brasil.

A comparação entre os três principais países europeus investidores em energia renovável no Brasil, Itália, França e Espanha, revela estratégias setoriais distintas, que refletem tanto as prioridades domésticas quanto a atuação internacional de suas empresas. A Itália apresenta um perfil claramente concentrado na energia eólica, que representa a maior parte de seus investimentos, seguida pela energia solar. Trata-se de um padrão que sugere um foco em projetos de geração de grande escala, com menor diversificação setorial e possível atuação de grandes operadoras como a Enel Green Power. Já a França demonstra uma estratégia mais distribuída, com aportes relevantes não apenas em eólica e solar, mas também em outras fontes renováveis, notadamente relacionadas ao hidrogênio verde, uma agenda que tem ganhado força no contexto do Pacto Verde e da política climática francesa. A Espanha, por sua vez, tem uma presença marcante no setor solar, que se destaca como seu principal destino de investimentos, acompanhada por valores significativos em hidrelétrica e biomassa, o que pode refletir o legado tecnológico de empresas como Iberdrola e Acciona no setor elétrico latino-americano. Essa diversidade de perfis sugere que, embora o enquadramento climático europeu atue como diretriz comum, a implementação setorial dos investimentos no Brasil é mediada pelas capacidades empresariais, estratégias de internacionalização e nichos tecnológicos específicos de cada país.

GRÁFICO 7. **Investimentos *greenfield* por tipo de energia – Itália, França e Espanha**

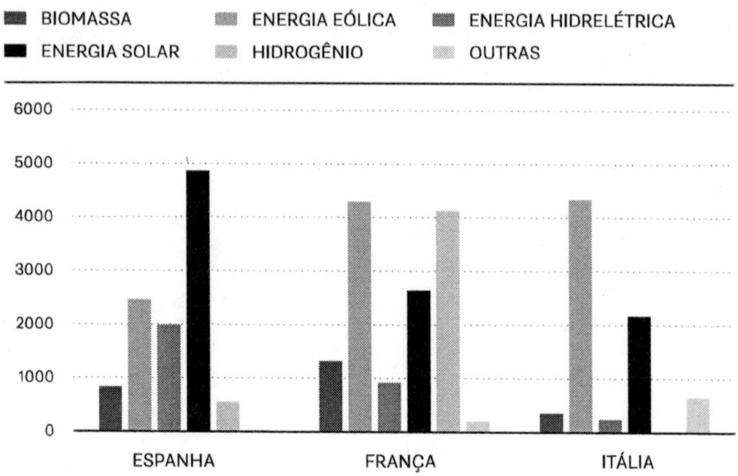

FONTE: Elaboração própria com base nos dados do fDi Markets (2025).

Outra comparação relevante envolve os três principais países europeus investidores em energia renovável no Brasil, Itália, França e Espanha. A análise dos seus padrões de investimento permite identificar estratégias distintas que refletem prioridades nacionais e diferentes graus de alinhamento com a política energética da UE. No caso da Espanha, observa-se uma concentração em projetos de energia solar, enquanto a Itália direciona maior parte de seus investimentos para a energia eólica. Esses perfis indicam que ambos os países seguem uma lógica mais tradicional, orientada pela atratividade econômica do mercado brasileiro e pela rentabilidade das fontes com maior viabilidade técnica e financeira.

Em contraste, destaca-se a atuação da França, que não apenas se consolidou como um dos maiores investidores europeus no setor, representando 17,6% do total acumulado, como também vem ampliando sua presença com foco em tecnologias emergentes, como o hidrogênio verde. Esses investimentos recentes parecem mais alinhados às diretrizes estratégicas da UE, especialmente no contexto do *Global Gateway*, sugerindo uma relação mais estreita entre política energética doméstica e projeção internacional.

Essa diferenciação aponta para um ponto central do debate, no qual se reconhece que, embora influenciados por orientações do bloco, os Estados-membros da UE mantêm certo grau de autonomia na condução de suas estratégias externas em relação as suas políticas energéticas. No Brasil, essa autonomia se expressa em padrões variados de atuação. Enquanto Espanha e Itália mantêm uma presença ancorada em fontes consolidadas, a França atua de forma mais conectada à agenda climática europeia, indicando uma possível inflexão no perfil dos investimentos. Ainda que existam sinais iniciais de interesse espanhol em projetos de hidrogênio verde, os dados disponíveis ainda são insuficientes para afirmar se outros países seguirão o mesmo caminho adotado pela França.

Considerações finais

Neste capítulo, demonstramos que o papel da política brasileira de atração de investimentos, por meio dos leilões, do apoio do Banco Nacional de Desenvolvimento Econômico e Social (BNDES) e das concessões de longo prazo, foi determinante para a entrada e consolidação de empresas europeias no setor de energia renovável. Essas condições criaram um ambiente de estabilidade e lucratividade que favoreceu significativamente a atuação dessas empresas, muitas das quais operam hoje por meio de subsidiárias locais.

No entanto, é importante reconhecer que a política de atração de investimentos brasileira não explica, por si só, a internacionalização das empresas europeias para o Brasil. É necessário considerar a existência de uma capacidade industrial previamente construída, resultado de políticas nacionais e regionais voltadas ao fortalecimento da base produtiva e tecnológica. Essas políticas permitiram que muitas empresas desenvolvessem, antes mesmo da intensificação dos investimentos estrangeiros, o *know-how*, a capacidade tecnológica e a estrutura industrial necessárias para sua atuação internacional. Essa trajetória foi viabilizada por estratégias industriais europeias robustas, com incentivos à produção, à inovação, à pesquisa e à formação de mão de obra qualificada. Seguindo os ensinamentos de Hochstetler (2020), a transição energética, afinal, exige uma infraestrutura tecnológica e industrial complexa, que vai além das metas e diretrizes da política energética atual. Embora este seja um ponto relevante, é importante destacar que ele não constitui o foco do artigo, que se concentra na análise da política energética e climática da UE. Ainda assim, acredita-se que essa dimensão industrial merece ser explorada em pesquisas futuras, sobretudo por seu papel estruturante na expansão internacional dessas empresas.

Outro aspecto apontando para pesquisas futuras diz respeito ao novo impulso vindo da própria Europa: agora, talvez estejamos vivendo uma nova fase, na qual o impulso parte dos próprios instrumentos europeus. Com os incentivos do Pacto Verde europeu, essas empresas ganham fôlego para atuar em áreas mais arriscadas e tecnológicas, como o hidrogênio verde, que exige pesquisa, infraestrutura e um horizonte de longo prazo. E talvez o suporte institucional europeu ofereça as bases para isso. Finalmente, terceiro aspecto também refletindo a necessidade de pesquisas futuras, a presença da China como fator geopolítico: a entrada da China no setor, especialmente em transmissão de energia e, mais recentemente, em energias renováveis, possa estar pressionando ou incentivando uma resposta estratégica das empresas europeias, reconfigurando o setor energético brasileiro também como um campo de disputas crescentes entre potências (Amaral; Milani, 2023; Tostes; Werneck-Costa, 2025).

AMARAL, Ticiana; MILANI, Carlos R. S. "Cambio climático, civilización ecológica y proyección internacional de China: Cooperación internacional al desarrollo y la promessa de transición hacia una economía baja en carbono". *In*: ROMERO ORTÍZ, María Elena; MILANI, Carlos R. S.; LEÓN DE LA ROSA, Raquel I. (Orgs.). *Cooperación Internacional para el Desarrollo*: los casos de China, Japón y Corea del Sur. Colima: Universidad de Colima, 2023. p. 53-83.

BRASIL. Decreto nº 5.025, de 30 de março de 2004: regulamenta dispositivos da Lei nº 10.438, de 26 de abril de 2002, relativos ao Programa de Incentivo às Fontes Alternativas de Energia Elétrica — PROINFA. *Diário Oficial da União*: seção 1, Brasília, DF, p. 1, 31 mar. 2004.

BRASIL. Lei nº 10.438, de 26 de abril de 2002: altera dispositivos das Leis nºs 9.991, de 24 de julho de 2000, e 9.074, de 7 de julho de 1995, e dá outras providências. *Diário Oficial da União*: seção 1, Brasília, DF, ano 139, n. 79, p. 1, 29 abr. 2002.

BRASIL. Ministério da Ciência, Tecnologia e Inovação; UNIÃO EUROPEIA. *Publicação Final — Diálogo Setorial Brasil-União Europeia em Energia*: Projeto ENER0007. Brasília: Diálogos Setoriais, 2018.

BRASIL. Ministério da Ciência, Tecnologia e Inovação; UNIÃO EUROPEIA. *Redes Elétricas Inteligentes — Diálogo Setorial Brasil-UE*: Projeto ENER0007. Brasília, 2014.

BRASIL. Ministério da Ciência, Tecnologia e Inovação; UNIÃO EUROPEIA. *Relatório Técnico — Francisco Gírio*: Biocombustíveis e Bioenergia Avançada: desafios e oportunidades para cooperação Brasil-UE. Projeto ENER0007. Brasília, 2018.

BRASIL. Ministério da Ciência, Tecnologia e Inovação; UNIÃO EUROPEIA. *Relatório Técnico — Francisco Gírio*: Fabricantes Europeus de Equipamentos Estratégicos em Biocombustíveis. Projeto ENER0007. Brasília, 2018.

BRASIL. Ministério da Ciência, Tecnologia, Inovações e Comunicações; UNIÃO EUROPEIA. *Relatório do Perito Hamilton Pollis — Transição Energética e Marco Regulatório no Brasil*. Projeto ENER0113. Brasília, 2018.

BRASIL. Ministério de Minas e Energia; UNIÃO EUROPEIA. *Relatório do Perito Javier Vidal — Reforma Regulatória e Transição Energética no Brasil*. Projeto ENER0113. Brasília, 2018.

BRASIL; UNIÃO EUROPA. *EU–Brazil Dialogue on Energy Transition — Project Report*. Projeto ENER0113. Brussels: European Commission, 2018.

BRASIL; UNIÃO EUROPA. *EU–Brazil Roadmap for Science, Technology and Innovation Cooperation*. Brussels: European Commission, Directorate-General for Research and Innovation, 2018.

CALLIES, Christian; HEY, Christian. "Multilevel energy policy in the EU: Paving the way for renewables". *In*: *Journal for European Environmental and Planning Law* 10 (2), 2013, p. 87–131.

CCEE — CÂMARA DE COMERCIALIZAÇÃO DE ENERGIA ELÉTRICA. *Dados mensais do setor elétrico*. (n.d.) Disponível em: **https://www.ccee.org.br/web/guest/mensal**.

CLIMA RENTÁVEL. *Regulação de renováveis no Brasil*. (n.d.) Disponível em: **https://www.climarentavel.com.br/p/regulacao-de-renovaveis-no-brasil?utm_campaign=post&utm_medium=web**.

DALBEM, Marta Corrêa; GOMES, Leonardo Lima. "Tender offer for wind energy in Brazil: an option-games explanation". *In*: *Energy Policy*, 132, 2019, p. 1131–1140, Disponível em: **https://doi.org/10.1016/j.enpol.2019.06.035**.

EICKE, L.; PETRI, F. "The EU in global energy governance". *In*: KNODT, M.; KEMMERZELL, J. (Orgs.). *Handbook of energy governance in Europe*. Cham: Springer, 2022. p. 1–26.

ELETROBRAS. PROINFA. *Programa de Incentivo às Fontes Alternativas de Energia Elétrica*. (n.d.) Disponível em: **https://eletrobras.com/pt/Paginas/Proinfa.aspx**.

ENBPAR. Sobre o PROINFA. *Programa de Incentivo às Fontes Alternativas de Energia Elétrica*. (n.d.) Disponível em: **https://proinfa.enbpar.gov.br/sobre-o-proinfa/**.

EUROPEAN COMMISSION; BRAZIL. *Joint Statement. First EU–Brazil Summit*. Lisbon: European Commission, 2007.

EUROPEAN UNION. EUR-Lex. *Communication from the Commission to the European Parliament, the European Council, The Council, The European Economic and Social Committee and the Committee of the Regions*. The European Green Deal. COM/2029/640 final. 2019. Disponível em: **https://eur-lex.europa.eu/legal-content/EN/TXT/?uri=celex:52019DC0640**.

FDI MARKETS. *The Financial Times Ltd*. (n.d.) Disponível em: **https://app.fdimarkets.com/**.

INTERNATIONAL ENERGY AGENCY. *World Energy Investment*. Paris: IEA, 2024. Disponível em: **https://www.iea.org/reports/world-energy-investment-2024**.

KAMPHOF, R.; BONENKAMP, T.; SELLESLAGHS, J.; HOSLI, M. O. "External competences in energy and climate change". *In*: FAURE, M. G. & PEETERS, M. (Orgs.). *Research Handbook on EU Energy Law and Policy*. Cheltenham: Edward Elgar Publishing, 2024. p. 33–50.

KNODT, Michèle; KEMMERZELL, Jörg (Eds.). *Handbook of energy governance in Europe*. Cham, Suíça: Springer, 2022.

KNODT, M.; RINGEL, M. "European Union energy policy: a discourse perspective". *In*: KNODT, M.; KEMMERZELL, J. (Orgs.). *Handbook of energy governance in Europe*. Cham: Springer, 2022. p. 1–22.

HOCHSTETLER, Kathryn. *Political Economies of Energy Transition*: Wind and Solar Power in Brazil and South Africa. Cambridge: Cambridge University Press, 2020.

LIAO, Xiaoli; BRESCIANI, Stefano; TRISE, Ciro; BUKHARI, Waqar Ali Ather; BUKHARI, Azaz Ali Ather. "How solar, wind, and biomass energy create sustainable pathways towards green economic growth? Insights from the top five global renewable energy economies". *In*: *Sustainable Development*, 31 (2), 2023, p. 738–752. Disponível em: **https://onlinelibrary.wiley.com/doi/full/10.1002/sd.3345**.

LOPES, L. V. *Políticas de incentivo às fontes alternativas de energia elétrica no Brasil*. Monografia (Bacharelado em Ciências Econômicas). Universidade Estadual de Campinas, Campinas, 2011.

NUNES NETO, Fernando Lourenço. *Programa de Incentivo às Fontes Alternativas de Energia Elétrica (Proinfa)*: estudo de caso do Complexo Eólico de Alegria. Dissertação (Mestrado em Engenharia da Produção). Universidade Federal do Rio Grande do Norte, Natal, 2013.

OZATO, Jorge Yuri; AQUILA, Giancarlo; PAMPLONA, Edson de Oliveira; ROCHA, Luiz Célio Souza; ROTELLA JUNIOR, Paulo. "Offshore wind power generation: An economic analysis on the Brazilian coast from the stochastic LCOE". *In*: *Renewable Energy*, 183, 2022, p. 664–682. Disponível em: **https://www.sciencedirect.com/science/article/abs/pii/S0964569123003605**.

REGULAMENTO UE 2018/1999. Do Parlamento Europeu e do Conselho. 11 de dezembro, 2028 Disponível em: **https://eur-lex.europa.eu/legal-content/PT/TXT/PDF/?uri=CELEX:32018R1999**.

TOSTES, Ana Paula; WERNECK-COSTA, Luan. *Europa-Brasil*: mapeando investimentos na Amazônia Legal. Rio de Janeiro: Observatório Interdisciplinar das Mudanças Climáticas, Cadernos do OIMC, 17, 2025.

UNIÃO EUROPEIA. Conselho da União Europeia. *Conclusions on 2030 Climate and Energy Policy Framework*. Brussel, 2014. Disponível em: **https://www.consilium.europa.eu/uedocs/cms_data/docs/pressdata/en/ec/145356.pdf.**

UNIÃO EUROPEIA. Serviço Europeu de Ação Externa (EEAS). *European Union and Brazilian Think-Tanks launch groundbreaking dialogue to boost global climate action*. 2024. Disponível em: **https://www.eeas.europa.eu/delegations/brazil/european-union-and-brazilian-think-tanks-launch-groundbreaking-dialogue-boost-global-climate-action_en.**

UNIÃO EUROPEIA. *EU-Brazil dialogues*: Energy sector cooperation. Disponível em: **https://eubrdialogues.com/sector-eu.php?ids=3&ida=1.**

UNIÃO EUROPEIA. *State Aid Cases*. Competition Policy. Disponível em: **https://competition-cases.ec.europa.eu/search?caseInstrument=SA&casePrimaryObjectivesMain=~6965,~AR79417,~AR7948,~AR7949&sortField=caseLastDecisionDate&sortOrder=DESC.**

UNITED STATES. *International Trade Administration*. Brazil. Renewable Energy Infrastructure. *Trade.gov*, 2023.

WORLD ENERGY COUNCIL. *World Energy Trilemma Framework*. Disponível em: **https://www.worldenergy.org/transition-toolkit/world-energy-trilemma-framework.**

CAPÍTULO 2

A INICIATIVA *GLOBAL GATEWAY* DA UE E A IMPLEMENTAÇÃO DA AGENDA DE DESENVOLVIMENTO SUSTENTÁVEL NO BRASIL E CHILE

Bruno Theodoro Luciano
Maria Laura Lanza

Introdução

No cenário geopolítico atual em rápida transformação, o mundo está testemunhando uma significativa reordenação global, com grandes potências como China, EUA e UE competindo para moldar normas e influência internacionais por meio de investimentos em larga escala e iniciativas de desenvolvimento. A literatura emergente sobre governança global e política externa da União Europeia (UE) tem destacado a crescente importância da agenda verde como prioritária para esses atores globais (Egan *et al.*, 2023; Heldt, 2023). Nesse contexto, iniciativas como a Nova Rota da Seda da China e a Iniciativa *Global Gateway* (GG) da UE se destacam como exemplos importantes de como as estratégias de investimento buscam promover o desenvolvimento sustentável, abordando os desafios urgentes da desigualdade e da proteção ambiental (Soler i Lecha, 2024). No entanto, iniciativas como o desenvolvimento de infraestrutura são frequentemente criticadas tendo em vista que os interesses dos atores globais frequentemente ofuscam os das comunidades locais (Olivié; O'Shea, 2023; Sauvignon; Benaglia, 2023). Como resultado, muitos projetos de investimento — apesar de sua promessa de crescimento econômico sustentável — marginalizaram os interesses locais, levando à degradação ambiental e a violações dos direitos humanos (Hamouchene; Sandwell, 2023).

A agenda GG, anunciada pela Comissão Europeia em dezembro de 2021, foi aclamada como a abordagem de investimento global mais ambiciosa da UE, com um investimento global estimado em € 300 bilhões a ser estimulado até 2027, com fundos provenientes não apenas da própria UE, mas também dos Estados-membros, do Banco Europeu de Investimento, do Banco Europeu para Reconstrução e Desenvolvimento e do setor privado. Embora a iniciativa vise suprir as lacunas de investimento no Sul Global nas áreas de transição verde, transformação digital, desenvolvimento humano, resiliência em saúde e produção de vacinas, há preocupações de que seu foco em ganhos financeiros e influência geopolítica possa ofuscar os benefícios sociais, econômicos e ambientais anunciados para os países do Sul Global.

Nesse contexto, este capítulo examina a agenda GG voltada especificamente para a América Latina, a *Global Gateway Investment Agenda* (GGIA), com foco em projetos destacados pela Comissão Europeia no Brasil e no Chile. Discute-se o papel do GG como uma das estratégias de investimento internacional mais significativas da UE, com ênfase particular em seu papel na promoção do desenvolvimento sustentável e no enfrentamento das mudanças climáticas no Sul Global. Partindo de *insights* da Economia Política Internacional (EPI) Crítica e da Teoria Política Verde para avaliar como o GG contribui para a agenda verde globalmente, este capítulo examina criticamente os principais projetos da iniciativa nos dois países indicados e seu alinhamento com os Objetivos de Desenvolvimento Sustentável (ODS), particularmente nos setores de clima e energia verde. A análise também considera o envolvimento de países europeus, bancos de fomento, bem como atores empresariais e sociais no desenho, seleção e implementação desses projetos, avaliando se até o momento o GG promoveu cooperação e coerência significativas entre investidores da UE e partes interessadas locais ao longo dos projetos.

A emergência da transição verde na agenda global, dentro e fora do contexto da UE, tem exigido o desenvolvimento de novos aportes conceituais para analisar criticamente as transformações econômicas e políticas rumo ao desenvolvimento sustentável e a economias mais verdes, impulsionadas por atores estatais e não-estatais. Ao partir de reflexões provenientes das abordagens da EPI Crítica e da Teoria/Política Verde, este capítulo busca contribuir para o desenvolvimento de novas lentes para analisar a promoção global da transição verde pela UE.

A EPI Crítica, por um lado, tem sido reconhecida como uma abordagem relevante para estudar a promoção da transição verde pela UE por meio de iniciativas como o GG, pois ajuda a desvendar como a dinâmica de poder global — frequentemente enviesada em favor do Norte Global — molda a trajetória da transição verde. Isso envolve o escrutínio da influência de atores poderosos, como corporações multinacionais e instituições financeiras internacionais, na concepção e implementação de políticas e iniciativas verdes (Newell, 2019). Essa abordagem é particularmente importante para analisar como os custos e benefícios da transição verde são distribuídos, tanto dentro dos países-alvo quanto entre eles. Isso inclui examinar se certos grupos, como comunidades locais e indígenas no Sul Global, estão arcando com um ônus desproporcional da transição, enquanto outros estão colhendo os seus benefícios (Babic; Sharma, 2023). A EPI Crítica também questiona as narrativas dominantes em torno da transição verde, como as suposições sobre 'crescimento verde' ou a eficácia de soluções baseadas no mercado. Ela incentiva o exame do contexto histórico e a consideração de perspectivas alternativas, especialmente aquelas marginalizadas nos discursos dominantes. Essas lentes ajudam a avaliar o papel dos Estados — e de organizações supranacionais como a UE — em impulsionar ou dificultar a transição verde, pois levam em consideração a capacidade dos atores políticos de implementar políticas verdes, a influência de diferentes grupos de interesse na ação estatal e as restrições impostas pela economia política global. Reconhecendo que existem múltiplos caminhos para uma transição verde, a EPI Crítica incentiva a avaliação de modelos alternativos que priorizem a justiça social e ambiental, como aqueles baseados em princípios de decrescimento ou iniciativas lideradas pela comunidade (Babic; Sharma, 2023). Ao empregar essas ferramentas analíticas, busca proporcionar uma compreensão mais sutil e abrangente das complexidades, desafios e potenciais caminhos para uma transição verde verdadeiramente justa e sustentável.

A Teoria Verde, por outro lado, desafia o foco principal das teorias tradicionais de Relações Internacionais nos Estados como os principais atores da política global, frequentemente negligenciando as questões ambientais (Barry, 2014; Bhattacharyya, 2021). A abordagem teórica verde prioriza uma crítica ao estadocentrismo, destacando a interconexão dos problemas ambientais e as limitações da soberania estatal no enfrentamento dos desafios ambientais globais (Günar, 2022). Também argumenta que questões ambientais, como as mudanças climáticas, desconhecem fronteiras nacionais e, portanto, exigem soluções globais (Dyer, 2017; Eckersley, 2013).

Nesse sentido, as estruturas políticas e econômicas do Norte Global têm um impacto significativo na governança ambiental e no desenvolvimento do Sul Global. Padrões históricos de dominação pelo Norte Global, particularmente durante o período colonial, moldaram os fluxos de energia, as práticas de extração e as trajetórias de desenvolvimento do Sul Global — um legado duradouro, como exemplificado pela extração contínua de *commodities* agrícolas e recursos naturais (Hamouchene; Sandwell, 2023). A economia globalizada, frequentemente estruturada pelo Norte Global, impõe restrições e limita as opções políticas disponíveis aos países em desenvolvimento, limitando sua capacidade de buscar caminhos de desenvolvimento sustentável em seus próprios termos (Newell, 2019). Além disso, instituições internacionais e bancos multilaterais de desenvolvimento, frequentemente dirigidos pelo Norte, limitam a autonomia política dos países em desenvolvimento por meio de suas práticas de empréstimo. Isso pode limitar a capacidade desses países de tomar decisões independentes sobre suas políticas ambientais e estratégias de desenvolvimento. Além disso, a literatura tem enfatizado a necessidade de reparações climáticas ou pagamento de dívidas do Norte Global para o Sul para abordar a responsabilidade histórica dos países industrializados em causar o aquecimento global e a degradação ambiental. Essa dívida decorre das emissões excessivas do Norte Global, da exploração de recursos ambientais e da distribuição desigual de resíduos, fatores que afetam desproporcionalmente o Sul Global (Hamouchene; Sandwell, 2023).

Combinando reflexões da Teoria Verde com aquelas de estudos críticos de EPI — visando o desenvolvimento de uma abordagem ruma em direção a uma 'EPI Verde e Crítica', esta pesquisa pretende contribuir para avaliar se iniciativas como o GG apresentam um domínio de abordagens de mercado para a governança ambiental, frequentemente promovidas pelo Norte Global, que atendem principalmente a interesses corporativos e priorizam a liberalização do mercado em detrimento de compromissos significativos com a proteção ambiental e o desenvolvimento sustentável. Essa ênfase em soluções baseadas no mercado pode minar formas alternativas de governança e perpetuar os desequilíbrios de poder existentes entre o Norte e o Sul Global (Newell, 2019; 2008). Essa tendência estaria alinhada a suposta emergência de um 'colonialismo verde', no qual iniciativas para lidar com as mudanças climáticas, como a transição para energias renováveis, se tornam uma fachada para a exploração e dominação contínuas do Sul Global (Hamouchene; Sandwell, 2023). Isso aponta para a importância de considerar o contexto histórico e a dinâmica de poder ao analisar iniciativas como o GG, a fim de evitar o agravamento das desigualdades existentes. Nesse sentido, alcançar um futuro justo e sustentável exige abordar esses desequilíbrios de poder históricos e contemporâneos e reformar as estruturas de governança global para priorizar as necessidades e os interesses do Sul Global. Isso inclui o reconhecimento das dívidas ecológicas e climáticas, a promoção de práticas equitativas de comércio e investimento e a garantia de que os países em desenvolvimento tenham espaço político para seguir seus próprios caminhos de desenvolvimento. Ao trazer à tona essas tensões, contradições e assimetrias nas relações Norte-Sul, essa pesquisa introduz uma avaliação crítica dos investimentos externos da UE por meio da iniciativa GG, mas também reflexões normativas sobre a capacidade da UE de contribuir para uma transição justa, equitativa e verde no Sul Global.

Iniciativa *Global Gateway* da UE: características gerais e agenda para a América Latina

A iniciativa GG foi oficialmente inaugurada pela Comissão Europeia e pelo Alto Representante para os Negócios Estrangeiros e a Política de Segurança em dezembro de 2021 (Comissão Europeia, 2021a). Essa iniciativa estratégica visa consolidar a UE como um ator global significativo, facilitando investimentos sustentáveis, transparentes e de alto impacto nas nações parceiras, com especial ênfase no continente africano. A partir do GG, após a guerra na Ucrânia, foi lançada a Agenda de Investimento Gateway (*Global Gateway Investment Agenda*, GGIA) em 2023, que se tornou um instrumento fundamental para a política de cooperação externa e desenvolvimento da UE para a América Latina.

De acordo com resolução do Parlamento Europeu (2023), o GG representa uma estratégia geopolítica concebida para ampliar a influência global da UE através de investimentos direcionados em setores cruciais para o desenvolvimento, incluindo energia, transportes, saúde, educação e investigação. Posicionada como uma alternativa sustentável à crescente presença geopolítica da China, exemplificada por sua Nova Rota da Seda — que financiou amplos projetos de infraestrutura com o objetivo de aprimorar a conectividade, o comércio e a comunicação na Eurásia, América Latina e África (Financial Times, 2023) — o *Global Gateway* busca afirmar sua liderança global aderindo aos 'valores europeus', como boa governança, transparência e sustentabilidade (Comissão Europeia, 2021a). Essa estratégia de parceria é caracterizada especificamente por seis princípios fundamentais:

- Valores democráticos e altos padrões;
- Boa governança e transparência;
- Parcerias igualitárias;
- Iniciativas verdes e limpas;
- Uma abordagem focada em segurança;
- Catalisar o investimento do setor privado.

A Comissão Europeia (s.d. a) tem destacado que o GG buscar contribuir para a concretização da Agenda 2030 das Nações Unidas, dos ODS e do Acordo de Paris sobre as alterações climáticas. Notadamente, o GG persegue um duplo propósito. Em primeiro lugar, visa fortalecer as relações da UE com os seus parceiros estratégicos, particularmente nos domínios digital, clima-energia e transportes, reforçando simultaneamente os sistemas de saúde, resiliência climática, educação e investigação nessas nações. Em segundo lugar, procura resolver o déficit global de investimento (LACIF, s.d.). Para concretizar esses objetivos, GG deve mobilizar até 300 bilhões de euros entre 2021 e 2027 através de uma combinação de recursos orçamentais da UE e de financiamentos público e privado (Comissão Europeia, 2021b). Os recursos financeiros do GG em geral são canalizados através de dois mecanismos principais:

- Iniciativas Team Europe, implementadas por instituições e agências da UE em conjunto com os seus Estados-membros, instituições financeiras de desenvolvimento como o Banco Europeu de

Investimento (BEI), agências de crédito à exportação e o setor privado. Este quadro colaborativo visa alavancar a experiência e os recursos coletivos dos intervenientes na execução destas iniciativas (Comissão Europeia, s.d. a);

- O Instrumento de Vizinhança, Desenvolvimento e Cooperação Internacional, também conhecido como 'Europa Global'. Esse instrumento serve como principal instrumento financeiro para a ação externa da União Europeia durante o período de 2021-2027, consolidando vários antigos instrumentos de financiamento da UE numa ferramenta unificada com um orçamento de aproximadamente 80 bilhões de euros. Essa integração facilita uma abordagem da UE mais estratégica e coerente para o envolvimento global, garantindo que a cooperação para o desenvolvimento esteja mais alinhada com as prioridades dos países parceiros e mais responsiva aos desafios regionais e globais (European Union External Action, 2022). Seguindo o exemplo das iniciativas Team Europe, ela é estruturada em torno de pilares geográficos (África, Vizinhança da UE, Ásia-Pacífico e Américas e Caribe), um pilar temático (abordando questões como clima, migração, governança e gênero) e um pilar de resposta rápida (para abordar crises ou necessidades emergentes).

De modo geral, a UE por meio do GG busca defender um modelo de financiamento responsável, direcionando fundos por meio de subvenções, financiamento combinado e garantias. Essa estratégia visa minimizar a dependência de empréstimos e, assim, evitar o agravamento do endividamento nos países parceiros (Conato; Nastasi, 2024). Essa abordagem reforça o compromisso da UE em promover o desenvolvimento sustentável sem impor obrigações financeiras insustentáveis aos seus parceiros.

Em resumo, o GG representa não apenas um empreendimento financeiro substancial, mas também uma evolução estratégica no engajamento global da UE. Ao empregar uma abordagem coordenada e multissetorial por meio dos *Teams Europe* e do Global Europe (como é chamado o *Neighbourhood, Development and International Cooperation Instrument* — NDICI), a UE busca promover o desenvolvimento sustentável, inclusivo e baseado em valores em todo o mundo. Sua ênfase em financiamento responsável, parcerias duradouras e alinhamento com as prioridades dos países parceiros posiciona estrategicamente a UE como um ator global fundamental para reduzir a lacuna de investimento ao mesmo tempo em que promove uma ordem internacional mais equitativa e resiliente.

Conforme reforçado por Jutta Urpilainen, Comissária para Parcerias Internacionais, no comunicado de imprensa que marcou a apresentação da agenda GG para América Latina e Caribe (GGIA):

> A UE e a América Latina e o Caribe são parceiros naturais, mas agora devem se tornar parceiros de escolha [...] a Agenda de Investimentos *Global Gateway* é a nossa oferta de parceria positiva. Ela responde às necessidades dos nossos países parceiros, ao mesmo tempo que apoia as nossas ambições mútuas de combater as mudanças climáticas e a perda de biodiversidade, aproveitar a transformação digital e reduzir as desigualdades. [...] Contribuirá para fortalecer a parceria em prol das pessoas e do planeta, ao mesmo tempo que promove os Objetivos de Desenvolvimento Sustentável (European Commission, 2023, p. 2, tradução nossa).

De fato, a região da América Latina e Caribe (ALC) constitui um parceiro significativo para a UE, possuindo notavelmente a maior proporção de fontes de energia renováveis do mundo, característica atribuída à sua diversidade ambiental e geográfica única (Comissão Europeia, s.d. b). Consequentemente, um objetivo primordial do GGIA envolve acelerar uma transição equitativa e ecológica na região, aumentando a disponibilidade, a eficiência energética, a acessibilidade e o fornecimento de energia renovável. Não obstante, o GGIA também se concentra no avanço da transformação digital (visto que a ALC apresenta a região com maior exclusão digital do mundo), na promoção do desenvolvimento humano e no fortalecimento da resiliência em saúde. Esses quatro pilares interconectados são endereçados por meio de uma abordagem abrangente e holística que visa maximizar o impacto ambiental e social dos projetos (Conato; Nastasi, 2024).

Para atingir esses objetivos multidimensionais, os *Teams Europe* destinaram mais de 45 bilhões de euros a aproximadamente 130 projetos de investimento na região — abrangendo iniciativas nacionais e multinacionais — durante o período de 2021-2027. Esses investimentos visam "ajudar a responder às necessidades de infraestruturas da região, criando simultaneamente valor acrescentado local e promovendo o crescimento, o emprego e a coesão social" (Comissão Europeia, s.d. b, p. 1). Essa agenda estratégica de investimento, caracterizada pela cooperação para o desenvolvimento, sublinha o compromisso da UE não só em fomentar o crescimento econômico, mas também em promover o desenvolvimento abrangente e sustentável nos seus países parceiros.

No âmbito do GGIA, tanto o Chile como o Brasil detêm importância estratégica devido à sua estabilidade política, influência regional e potencial para avanços em tecnologias verdes e digitais. Essas colaborações bilaterais servem como exemplos ilustrativos da visão mais ampla do *Global Gateway*: forjar parcerias globais resilientes e equitativas que se alinhem com os interesses estratégicos e as responsabilidades internacionais da UE.

Partindo dessa análise regional mais ampla, a seção subsequente examinará iniciativas específicas do GGIA atualmente implementadas no Chile e no Brasil. Isso elucidará o impacto tangível do programa a nível nacional, oferecendo uma perspectiva mais granular sobre as áreas prioritárias e os esforços colaborativos que moldam o desenvolvimento sustentável nesses países-chave da América do Sul.

Panorama dos projetos *Global Gateway* no Chile

O Chile tem sido considerado um parceiro comercial fundamental para a UE, particularmente no apoio à transição energética para fontes renováveis e à descarbonização. Com suas reservas significativas de matérias-primas e abundantes recursos de energia renovável (especialmente eólica e solar), o Chile possui o potencial de apoiar o desenvolvimento da UE nas áreas de transição digital, aeroespacial e defesa (Comissão Europeia, 2024). De fato, o Chile é o terceiro maior parceiro comercial da UE na América Latina, depois do Brasil e do México. A importância do Chile como um parceiro crucial para a UE (e vice-versa) é ressaltada por valores compartilhados e uma abordagem de pensamento semelhante, como enfatizado por Ursula von der Leyen, incluindo o compromisso da UE e do Chile de alcançar a neutralidade de carbono até 2050.

Nesse contexto, a iniciativa GG no Chile prioriza investimentos em energia sustentável e, em menor grau, o aumento da conectividade digital. Em geral, os projetos financiados visam cinco macro objetivos:

- Integrar cadeias de valor de matérias-primas sustentáveis (por exemplo, desenvolvimento conjunto de projetos, novos modelos de negócios, promoção e facilitação de comércio e investimento);
- Aumentar a pesquisa e a inovação ao longo da cadeia de valor (por exemplo, sobre conhecimento mineral e minimização das pegadas ambientais e climáticas);
- Alavancar critérios ambientais, sociais e de governança (ESG) e alinhar-se aos padrões internacionais;
- Implementar infraestrutura para o desenvolvimento de projetos;
- Fortalecer capacidades, educação e treinamento vocacionais e desenvolvimento de habilidades ao longo das cadeias de valor de matérias-primas sustentáveis.

O portal oficial da Comissão Europeia destaca três 'projetos emblemáticos', os quais seriam exemplos proeminentes dos resultados do GG no Chile: Produção de Hidrogênio Verde no Chile (Projeto *Team Europe* RH2), Projeto Haru Oni e Desenvolvimento de Cadeias de Valor de Matérias-Primas Críticas para Lítio e Cobre no Chile e na Argentina.

A produção de hidrogênio 'verde' ou 'renovável' consiste em um processo de eletrólise, durante o qual a eletricidade renovável é usada para dividir a água em hidrogênio e oxigênio. Por esse motivo, é considerado um combustível renovável de origem não biológica (Comissão Europeia, s.d. c). Segundo a Comissão Europeia: o hidrogênio 'renovável' "desempenhará um papel fundamental na descarbonização de setores específicos, onde outras alternativas renováveis podem ser inviáveis ou mais caras". Em particular, o hidrogênio renovável "pode substituir o hidrogênio de origem fóssil em processos industriais e de transporte, reduzindo as emissões de gases de efeito estufa e o impacto ambiental. Além disso, pode ser usado para produzir novos produtos industriais, como fertilizantes verdes e aço" (Comissão Europeia, s.d. c, p. 1).

O projeto *Team Europe* RH2 inclui investimentos para a produção de Hidrogênio Renovável (RH2) no Chile, apoiando a descarbonização da economia chilena, contribuindo para a estratégia nacional de hidrogênio, criando empregos verdes e gerando oportunidades de negócios para empresas chilenas e europeias. Centrado na área de clima e energia, é executado pelo *Team Europe* uma iniciativa da UE que visa fortalecer a cooperação multilateral entre os Estados-membros da UE e países terceiros, em vez da bilateral. Essa iniciativa também inclui órgãos executivos da UE e bancos públicos de desenvolvimento, como o BEI e o Banco Europeu para a Reconstrução e o Desenvolvimento. Com um orçamento de € 8 milhões, incluindo € 4 milhões em subvenções da UE financiadas pelo programa Euroclima e € 4 milhões comprometidos pelo Ministério Federal da Economia e Proteção Climática da Alemanha (BMWK), o projeto é implementado pela Agência Alemã de Cooperação Internacional (GIZ) e pela Agência Espanhola de Cooperação Internacional para o Desenvolvimento (AECID).

O Projeto RH2 é resultado do objetivo de médio e longo prazo de fortalecer a produção de hidrogênio verde para exportação, o que depende de investimentos em infraestrutura incluídos nos projetos de investimento em produção do hidrogênio, da promoção da transferência de conhecimento em negócios, tecnologia e logística e do desenvolvimento de infraestrutura compartilhada. Esses esforços práticos são complementados pelo aprimoramento do marco regulatório para a produção, armazenamento, transporte e exportação sustentáveis de hidrogênio (Global Gateway, s.d.).

Em 2021, o Projeto Haru Oni foi estabelecido para produzir os primeiros combustíveis sintéticos no Chile, um passo significativo para a descarbonização do setor de transportes. Esse projeto, apoiado pela iniciativa alemã H2Global, utiliza tecnologias europeias para extrair hidrogênio verde da água usando energia eólica e produzir metanol por meio de um processo de síntese na Patagônia, a região mais ventosa do sudoeste do Chile. As excelentes condições de vento resultam em alta produção a baixos preços de eletricidade na região. Além disso, a exportação do hidrogênio verde líquido é a maneira ideal para a solução do transporte para exportação do hidrogênio. A usina de hidrogênio Haru Oni é a primeira instalação de e-combustíveis em operação no mundo (Hif Global, s.d.).

O setor privado está significativamente envolvido no desenvolvimento desse projeto, refletindo a estratégia da Comissão Europeia e do governo chileno de garantir uma abordagem combinada para o desenvolvimento — na qual os setores público e privado trabalham em sincronia (Gobierno de Chile, s.d.). De fato, a Comissão Europeia, através da implementação da agenda do GG, tem a expectativa de que o setor privado atue como alavanca para que os Estados-membros e as instituições financeiras e de desenvolvimento alcancem um impacto transformacional (Comissão Europeia, s.d. d). Nesse sentido, a Highly Innovative Fuels (HIF) é a principal desenvolvedora desse projeto, com a Porsche como a principal investidora e primeira cliente dos combustíveis sintéticos. A Siemens Energy fornece as ferramentas tecnológicas e a Enel Green Power fornece energia eólica.

O Serviço Geológico dos EUA de 2024 relata que Argentina, Bolívia e Chile — conhecidos coletivamente como o 'triângulo do lítio' — detêm aproximadamente metade dos recursos mundiais confirmados de lítio no mundo. Argentina (6%) e Chile (24%) contribuem juntos para cerca de 30% da produção global de lítio (US Geological Survey, 2024). Em particular, o Chile ocupa uma posição-chave na transição energética global, sendo a segunda maior fonte de lítio, um componente crítico para baterias. Extraído nas regiões desérticas do norte do Chile, o lítio é fundamental para a produção de baterias que alimentam veículos elétricos e usinas de energia renovável, tornando-o essencial para a transição energética (US Geological Survey, 2024). Da mesma forma, a fonte argentina de lítio concentra-se na zona noroeste do país, também conhecida como '*los Salares de la Puna*' (Argentina.Gob, 2021). Por meio da iniciativa do GG de Desenvolvimento de Cadeias de Valor de Matérias-Primas Críticas para Lítio e Cobre no Chile e na Argentina, a UE busca o fortalecimento de uma indústria de matérias-primas críticas competitiva e sustentável.

Essa iniciativa se traduz em múltiplos projetos, financiados também por outros atores, como o BEI, o Banco de Desenvolvimento da América Latina e a Corporação Financeira Internacional. No entanto, até o momento, não foi possível conhecer os detalhes a respeito dos recursos financeiros do GG investidos nessa iniciativa e de que forma(s) são operacionalizados.

O que é certo é o compromisso da UE, do Chile e da Argentina em financiar projetos que visem o fortalecimento das cadeias de valor de matérias-primas críticas — pelo menos de uma perspectiva institucional. Um compromisso que começou como parte da iniciativa do GG e que foi aprimorado ao longo dos anos. Em particular, em 2023, a UE assinou um Memorando de Entendimento com a Argentina e o Chile sobre cadeias de valor de matérias-primas sustentáveis, que entrou em vigor no ano seguinte. Esse acordo tem substancial importância geopolítica, aprimorando o cenário competitivo para as empresas na UE, Argentina e Chile. Além disso, o acordo fornece uma estrutura colaborativa para o avanço de modelos econômicos de emissões líquidas zero. Em 2024, o Acordo Comercial Provisório entre UE e Chile entrou em vigor após a conclusão do processo de ratificação pelo Chile, representando o primeiro acordo comercial da UE a incluir um capítulo específico sobre energia e matérias-primas (European Parliament Think Tank, 2024). Esse acordo — estabelecido no marco da Modernização do Acordo de Livre Comércio UE-Chile — cria um ambiente favorável ao investimento e ao comércio, enquanto o GG fornece apoio financeiro para impulsionar projetos alinhados com os objetivos estratégicos da UE, particularmente em desenvolvimento sustentável e transição verde.

Finalmente, persiste a falta de transparência em relação aos detalhes dos projetos financiados pelo GG no Chile. Notadamente, há falta de informações sobre iniciativas, em particular a focada no aumento da cadeia de valor de matérias-primas críticas. Nesse sentido, persiste a questão sobre a extensão do envolvimento da sociedade civil nas fases iniciais do desenvolvimento das iniciativas, sobre a qual faltam informações oficiais para a análise. Consequentemente, o GG parece ser mais bem caracterizado como uma estratégia de cima para baixo (*top-down*) para a transição energética. Essa abordagem ao desenvolvimento do GG, impulsionada pela necessidade da UE de garantir fontes de energia confiáveis, parece negligenciar o engajamento com a sociedade civil, deixando de atender às suas necessidades e preferências. De fato, projetos de hidrogênio no Chile têm enfrentado críticas da sociedade civil e de comunidades indígenas, que defendem a proteção de 'zonas de sacrifício'. Essas são áreas onde populações, ecossistemas, recursos hídricos e economias locais já foram severamente afetados pela mineração e pela indústria, e agora estão sendo ainda mais impactadas por projetos de infraestrutura 'verde' de grande escala, como o hidrogênio (The Coalition for Human Rights in Development, 2024). Por outro lado, o Governo do Chile afirma, em seu site oficial, que o desenvolvimento de uma cadeia de valor de lítio eficiente requer o desenvolvimento de seus projetos relacionados 'em harmonia com as comunidades' (Gobierno de Chile, s.d., p. 1). No entanto, essa frase parece representar nada mais do que uma declaração política sem comprovação de implementação. Essa lacuna é demonstrada pelas organizações da sociedade civil chilena, que criticaram o acordo por transformar o Chile numa colônia fornecedora de hidrogénio e lítio para a UE (Observatorio Latinoameriano de Conflictos Ambientales, 2023), criticando a perspetiva de comércio e cooperação da UE como sendo 'neocolonial' (Friends of the Earth Europe, 2024; Observatory of Debt in Globalization; Ecologists in Action, 2024).

A Agenda *Global Gateway* para o Brasil

Parceiros Estratégicos desde 2007, a UE e o Brasil buscaram elevar seu diálogo e cooperação bilateral a um novo patamar a partir do estabelecimento de mais de trinta diálogos setoriais que abrangem temas políticos e multilaterais, direitos humanos, comércio, energia, segurança cibernética, pesquisa e inovação, tecnologias da informação e mudanças climáticas. A UE é o segundo maior parceiro comercial do Brasil, respondendo por 16% de seu comércio total, enquanto o Brasil foi classificado como o décimo primeiro maior parceiro da UE no mundo (EEAS, 2021). As *commodities* têm dominado as exportações do Brasil para a UE em 2023, incluindo óleos brutos de petróleo (23%), café não torrado (10%), farelo de soja e ração animal (9%), soja (8,8%) e celulose (5,4%). O Brasil continua sendo o maior exportador agrícola para a UE em todo o mundo. Em contrapartida, as importações da UE foram mais diversificadas, lideradas por produtos farmacêuticos (9,2%), outros medicamentos (6,4%), peças e acessórios para veículos (5,4%), produtos manufaturados industriais (4,8%) e combustíveis derivados de petróleo (4,5%) (Statista, 2024).

A UE é o principal investidor estrangeiro no Brasil, contribuindo significativamente para o emprego e o desenvolvimento setorial do país. Países europeus detêm 61,5% do estoque total de Investimento Estrangeiro Direto (IED) no Brasil. Holanda, Luxemburgo e Espanha foram os principais investidores europeus, com 41,2%, 15,5% e 10,0%, respectivamente, do estoque total de investimento europeu no Brasil, totalizando US$ 649,9 bilhões (Santander Trade, 2025). Por outro lado, o Brasil emergiu como uma importante fonte de IED na UE e é o principal destino dos investimentos da UE na América Latina, atraindo quase metade do estoque regional de IED do bloco. O relacionamento econômico já forte tem um potencial substancial de expansão, especialmente com a conclusão das negociações para um acordo de associação entre a UE e Mercosul.

A Iniciativa GG tem um grande potencial de estímulo à expansão dos investimentos europeus no Brasil. De acordo com o portal oficial do GG hospedado pela Comissão Europeia, 8 projetos GG têm o Brasil como país-alvo: 3 na área de clima e energia, 2 em conectividade digital, 2 em transporte e infraestrutura e 1 no setor de saúde. Em particular, os projetos GG para o Brasil até agora têm como alvo principal os setores de transição verde, energia e conectividade digital (Comissão Europeia, 2024).

Os projetos de transição verde se concentram na proteção ambiental, com contribuições da UE para o Fundo Amazônia e a Iniciativa Florestas Tropicais do Brasil, visando prevenir o desmatamento, promover a bioeconomia sustentável e melhorar a rastreabilidade da cadeia de suprimentos. Além disso, o Brasil é alvo de iniciativas regionais europeias mais amplas, como a Amazonia+ (uma colaboração com agências de cooperação italiana, francesa e espanhola) e Euroclima (em parceria com a Alemanha) (Comissão Europeia, 2024). No entanto, esses projetos são anteriores ao GG, levantando questões sobre a novidade de sua inclusão na estrutura do GG — algo que alguns críticos viram como uma mera reformulação de esforços pré-existentes (Sauvignon; Benaglia, 2023; Sial, 2023). Isso reforçou a crítica de que alguns dos projetos do GG se alinham somente com iniciativa pré-existentes no marco dos Team Europe (por exemplo, o *Team Europe Brazil Framework for Sustainable Investment Recovery*).

Além disso, a UE também planejou, por meio do GG, contribuir para projetos liderados localmente pelo Brasil — e em parceria com outros parceiros europeus —, por exemplo, doando 20 milhões de euros ao Fundo Amazônia, uma iniciativa lançada em 2008 pelo Brasil e pela Noruega (com contribuições posteriores da Alemanha e outros países) e administrada pelo Banco Nacional de Desenvolvimento Econômico e Social (BNDES). Seu objetivo é apoiar esforços para prevenir, monitorar e combater o desmatamento, bem como promover a conservação e o uso sustentável da Amazônia Legal. Durante a presidência de Jair Bolsonaro no Brasil (2019-2022), o fundo foi congelado devido à falta de preocupação de seu governo com o desmatamento e às tentativas de reorganizar a estrutura de governança do fundo. No entanto, sob a administração do presidente Lula (desde 2023), o Fundo Amazônia foi reativado, com novos ou potenciais doadores, incluindo a UE, Dinamarca, Suíça, Reino Unido, Estados Unidos e, mais recentemente, o Japão.

Outro projeto listado pelo portal da Comissão Europeia na área de clima e energia verde é o projeto Paulo Freire II no Brasil, que visa superar a fome rural e a pobreza extrema no estado do Ceará, com investimento estimado de 139 milhões de euros, vindos da Agência Espanhola de Cooperação Internacional para o Desenvolvimento (Aecid) (92 milhões de euros), FIDA (8 milhões de euros), governo do Ceará (25 milhões de euros), mais 4 milhões de euros em doações e 10 milhões de reais em financiamento de contrapartida dos beneficiários (Governo do Estado do Ceará, 2024).

Além disso, alguns projetos foram recentemente listados no site da Comissão, após terem sido anunciados publicamente no contexto da visita da Presidente von der Leyen ao Brasil. Esse foi o caso das iniciativas de energia renovável e produção de hidrogênio verde, exemplificada pelo projeto *North-East Brazil Green Energy Parks*, que começou sua implementação com uma planta de hidrogênio no estado do Piauí, um consórcio financiado por investimentos da UE ao lado de empresas espanholas e croatas, que recentemente ganhou o status de projeto emblemático do GG (Hydrogen Central, 2024). Nas palavras da presidente von der Leyen:

> E junto com o presidente Lula do Brasil, estamos anunciando o apoio da União Europeia para construir um dos maiores projetos de hidrogênio do mundo, no estado brasileiro do Piauí. Faz parte de um investimento de dois bilhões de euros do *Global Gateway* na cadeia de valor do hidrogênio no Brasil. Este novo Green Energy Park será uma instalação de produção de 10 GW para hidrogênio limpo e amônia, que serão então enviados para a ilha de Krk, na Croácia. De lá, o hidrogênio viajará para atender setores industriais no sudeste da Europa. Paralelamente, este projeto criará empregos locais e cadeias de valor no Brasil (Comissão Europeia, 2023, p. 1, tradução nossa).

Os projetos do GG sobre conectividade digital também têm como alvo o Brasil, particularmente os projetos Implantação de infraestrutura 5G para fomentar a transformação digital no Brasil e no Uruguai e Amazônia Verde no Brasil, visando expandir as redes de telecomunicações na região amazônica e conectar 4 milhões de pessoas em 4 anos, endereçando a lacuna digital na região e melhorando o acesso aos serviços, além de apoiar ao mesmo tempo os esforços de preservação da floresta tropical. Ambos os projetos são, na verdade, partes da Aliança Digital UE-LAC, lançada em março de 2023 entre a UE e 20 países da ALC, visando fomentar a cooperação birregional em áreas como diálogo regulatório, conectividade e fluxos de dados livres e seguros, ecossistemas de inovação integrados e serviços espaciais (Comissão Europeia, 2024).

Por fim, o restante dos projetos listados pela Comissão Europeia no Brasil se concentram no setor de transportes, em particular na infraestrutura portuária, com investimento europeu na construção e operação do porto de Pecém (Estado do Ceará) e na construção do túnel Santos-Guarujá (Estado de São Paulo), e no setor de saúde, em particular água e saneamento, com investimento na modernização dos serviços de abastecimento de água e esgoto no Estado de Santa Catarina, notadamente pelo Banco Europeu de Investimentos, que se comprometeu a financiar 100 milhões de euros (50% do custo total do projeto) (BEI, 2022). Embora a contribuição da UE para os projetos de saneamento de Santa Catarina seja substancial, o papel dos atores europeus nos casos do porto de Pecém e do túnel Santos-Guarujá ainda não está claro, pois ambos os projetos de infraestrutura nem sequer entraram na fase de licitação. Ou seja, apesar de aparecerem listados como projetos do GG no site da Comissão Europeia, alguns apresentam mais propriamente intenções da UE com relação a seus investimentos globais, mas sem ainda execução.

Além do fato de que as informações mais detalhadas sobre os Estados-membros e entidades financiadoras envolvidas nos projetos GG estão dispersas e em alguns casos indisponíveis ao público, é ainda menos claro até que ponto atores da sociedade civil e os atores locais estão envolvidos na agenda GG para o Brasil. Pode-se conferir tal omissão, tanto no estágio de desenho como de implementação dos projetos anunciados pela UE. A iniciativa GG justamente tem enfrentado críticas por consulta insuficiente a atores dos países-alvo, levantando preocupações sobre os níveis de transparência e participação, particularmente em relação à sociedade civil. Essas críticas contradizem os valores declarados do GG de defender princípios democráticos, boa governança e 'parcerias iguais e olho no olho', um aspecto destacado como diferenciador de outras iniciativas de investimentos globais, como a Iniciativa da Nova Rota da Seda promovida pela China (Luciano; Fonseca, 2024).

Iniciativas *Global Gateway* regionais e globais abrangendo Chile e Brasil

Além das iniciativas diretamente vinculadas a Brasil e Chile como países-alvo dos investimentos da agenda GGIA, algumas iniciativas globais e regionais do GG também incluem os dois países objetos desta análise. Segundo o portal da Comissão Europeia, 6 projetos regionais/globais também abarcavam Brasil e Chile, 2 na área digital, 2 em transportes, 1 sobre saúde e 1 na agenda de clima e energia verde.

Com relação à área digital, além da Aliança Digital UE-ALC, já citada anteriormente, destaque é dado na lista da Comissão para o projeto Acelerador Digital UE-ALC, também enquadrado no marco da Aliança Digital birregional. O Acelerador Digital UE-ALC é uma iniciativa financiada pela UE, com foco em promover a colaboração entre múltiplas partes interessadas e o setor privado, a competitividade, as habilidades digitais e a inovação, por meio do estabelecimento de um Acelerador Digital regional UE-ALC. Atualmente, a iniciativa é integrada por 10 parceiros de ambas as regiões, incluindo centros de inovação e pesquisa, bem como agências de cooperação e promoção comercial, de países como Espanha, França e Colômbia, além de contar com a participação do BID (EU-LAC Digital Accelerator, 2025).

No tema dos transportes, os dois projetos GG identificados não são regionais ou birregionais, mas globais, incluindo as iniciativas como o *Global Maritime Technology Cooperation Centres*, que visa a dar apoio para o alcance das metas de eficiência energética e gases de efeito estufa da Organização Marítima Internacional, e o projeto Combustíveis de Aviação Sustentáveis, o qual busca apoiar o desenvolvimento, produção e uso de combustíveis de aviação sustentáveis globalmente, contribuindo para o alcance das metas da Organização de Aviação Civil Internacional de emissões líquidas zero.

Já no campo da saúde, retoma-se a dimensão birregional observada no tema digital, com o desenvolvimento no contexto da agenda

GG, da Parceria UE-LAC sobre produção de vacinas e resiliência dos sistemas de saúde. Esse projeto volta-se para a melhoria do acesso às vacinas na região por meio do fortalecimento da capacidade administrativa, modernização de políticas públicas e legislações, bem como financiamento da saúde. Ademais, busca contribuir para a harmonização das regulamentações e cooperação científica para a produção local de medicamentos/vacinas e a resiliência do sistema de saúde.

Finalmente, na área de clima e energias verdes, o projeto regional destacado — já mencionado anteriormente — e que abarca somente o Brasil e não o Chile, é o projeto Amazônia+, projeto que conta com o financiamento de 35 milhões de euros por parte da UE e que — no quadro do Team Europe — tem a participação de países europeus como França, Espanha e Itália, por meio de suas agendas de cooperação para o desenvolvimento. O principal objetivo do programa Amazônia+ é melhorar a capacidade de oito países da bacia amazônica, incluindo o Brasil, a mitigar suas emissões de carbono e se adaptar aos efeitos das mudanças climáticas, reduzindo significativamente o desmatamento e a degradação florestal, além de proteger e promover a sua biodiversidade. Um aspecto fundamental dessa iniciativa é que além

QUADRO 1. **Projetos *Global Gateway* para o Chile**

NOME DO PROJETO	SETOR	OBJETIVO
Produção de Hidrogênio Verde no Chile (*Team Europe RH2 Project*)	Clima e energia	Esforço conjunto da UE e seus Estados-membros para promover a cooperação com o Chile para o desenvolvimento de sua economia de hidrogênio renovável.
Projeto Haru Oni	Clima e energia	Implementar tecnologia europeia de ponta para obter hidrogênio verde da água usando energia eólica e produzir metanol por meio de um processo de síntese.

de contar com uma variedade de países europeus e sul-americanos envolvidos, o projeto também destaca a participação ativa das comunidades locais e povos indígenas da bacia amazônica na sua implementação (FIIAPP, 2025).

Análise comparada e crítica dos projetos GG para Chile e Brasil

A partir de uma perspectiva comparada dos projetos destacados para ambos os países, é possível visualizar as características comuns e diferenciadas quanto à agenda GG para Brasil e Chile (Quadros 1 e 2 a seguir). Consideramos aspectos tais quais as áreas dos projetos identificados até o momento, o nível de participação dos países europeus nos projetos GG analisados, o envolvimento de agencias financiadores como bancos de fomentos europeus, multilaterais e latino-americanos, bem como a participação — ou falta — de atores do setor privado e atores locais e da sociedade civil.

ODS RELATIVOS	ATORES ENVOLVIDOS (PAÍSES)	OUTROS ATORES
7, 8, 9, 13, 16, 17	Áustria, Alemanha, Bélgica, Dinamarca, Finlândia, França, Espanha	KfW, EIB IDB, World Bank
13	Alemanha	HIF Global, Porsche, Siemens Energy, Enel Green Power, ExxonMovil, Empresa Gasco (atores privados)

QUADRO 1. **Projetos *Global Gateway* para o Chile** (CONT.)

NOME DO PROJETO	SETOR	OBJETIVO
Desenvolvimento de cadeias de valor de matérias-primas críticas para lítio e cobre no Chile e na Argentina	Clima e energia	Desenvolvimento de cadeias de valor de matérias-primas críticas para lítio e cobre integrando componentes de veículos e baterias.

FONTE: autores, com base em European Commission (s.d. b) e EU-LAC Foundation (s.d. a).

QUADRO 2. **Projetos *Global Gateway* para o Brasil**

NOME DO PROJETO	SETOR	OBJETIVO
Projeto Paulo Freire II	Clima	Desenvolvimento de capacidades para superar a fome rural e a pobreza extrema.
Team Europe Brasil: Estrutura para Recuperação de Investimentos Sustentáveis	Clima	Proteção das florestas tropicais, combatendo o desmatamento e alcançando cidades sustentáveis e inteligentes no Brasil
North-East Brazil Green Energy Park	Clima	O projeto visa produzir o hidrogênio renovável mais competitivo em termos de custo e um dos mais acessíveis do mundo, contribuindo para os esforços globais de descarbonização e promovendo a transição energética por meio de soluções de energia sustentáveis e renováveis, comércio e investimentos internacionais.
Implantação de infraestrutura 5G para fomentar a transformação digital	Digital	Expandir as redes de telecomunicações na região amazônica e melhorar o acesso aos serviços de telecomunicações. Visa desenvolver o acesso universal ao 5G para serviços de educação, segurança e saúde pública.

ODS RELATIVOS	ATORES ENVOLVIDOS (PAÍSES)	OUTROS ATORES
8, 9	França	IDB, CAF, IFC, EIB

ODS RELATIVOS	ATORES ENVOLVIDOS (PAÍSES)	OUTROS ATORES
1, 2, 3	Espanha	IFAD
8, 9, 13	Bélgica, França, Alemanha, Irlanda, Países Baixos	CDP, EIB, KfW, Proparco
1, 2, 3	–	Green Energy Park (privado)
8, 9	Alemanha, Espanha, Países Baixos	KfW

QUADRO 2. **Projetos *Global Gateway* para o Brasil** (CONT.)

NOME DO PROJETO	SETOR	OBJETIVO
Amazônia Verde no Brasil	Digital	Fortalecer a Amazônia com conectividade digital de qualidade para conectar 4 milhões de pessoas em 4 anos, eliminando a lacuna digital e melhorando o acesso à educação e à saúde, ao mesmo tempo em que apoia os esforços de preservação da floresta tropical.
Modernização da água e esgoto no Brasil	Saúde	Construção de novas estações de tratamento de águas residuais e expansão do atendimento a clientes não conectados para modernizar os serviços de abastecimento de água e esgotamento sanitário no Estado de Santa Catarina.
Construção do túnel Santos-Guarujá	Transporte	Construção e operação de infraestrutura portuária no Brasil
Construção e operação da infraestrutura do Porto do Pecém no Brasil	Transporte	Estabelecimento de um corredor verde e digital entre o Porto Português de Sines e o Porto Brasileiro de Pecém.

FONTE: autores, com base em European Commission (s.d. b) e EU-LAC Foundation (s.d. a).

Numericamente, enquanto a agenda GG para o Chile é composta por 3 projetos, os projetos focados no Brasil são atualmente mais numerosos (8), coincidindo com as assimetrias territoriais e populacionais entre os dois países sul-americanos. Com relação às áreas dos projetos identificados, os projetos destacados para o Chile têm se concentrado fundamentalmente nos temas verdes e energéticos (produção de hidrogênio verde e matérias primas críticas), enquanto a agenda de projetos desenvolvida para o Brasil tem sido mais diversa,

ODS RELATIVOS	ATORES ENVOLVIDOS (PAÍSES)	OUTROS ATORES
3, 8, 9, 13	França, Alemanha, Hungria, Itália, Países Baixos, Espanha, Suécia	—
3, 6, 11, 13, 14, 17	França, Alemanha, Países Baixos, Portugal, Espanha	EIB, IFC, CAF
8, 9, 10	—	—
8, 9, 10, 11	Países Baixos, Portugal, Espanha	IFC

englobando várias áreas prioritárias para o GG (clima e energia verde, conectividade digital, infraestrutura e saúde).

Quanto à participação de países europeus nos projetos identificados, a agenda GG para o Brasil demonstra bem o princípio dos Team Europe embutidos no GG, a partir do envolvimento de 10 Estados-membros, com destaque para a participação de países europeus como Países Baixos (5 projetos), Espanha (5), Alemanha (4) e França (3). Já no caso do Chile, 11 países da UE estão envolvidos em torno dos três projetos GG para o país analisados, com destaque para a Alemanha e França, que participam de 2 projetos cada.

Além de atores primariamente estatais, a análise realizada revelou que em vários projetos outros atores não-estatais, principalmente bancos de fomento e instituições regionais e multilaterais também tem contribuído para a implementação da agenda GG no Brasil e no Chile. Tanto no caso dos projetos voltados para o Brasil quanto para o Chile, entidades como o BEI, a International Finance Cooporation (IFC), a Cooporação Andina de Fomento (CAF) e o Fundo Internacional de Desenvolvimento Agrícola (IFAD) têm se destacado no apoio e financiamento de alguns dos projetos observados nos países, assim como o Banco Interamericano de Desenvolvimento (BID) somente no caso do Chile. Ademais, seguindo a lógica de investimento promovida pela iniciativa GG, existe a expectativa de que parte dos projetos GG sejam induzidos pela iniciativa privada. Esse tem sido o caso de projetos como o North-East Brazil Green Energy Park, projeto liderado pela entidade privada Green Energy Park. Enquanto no Chile, o Projeto Haru Oni destaca-se pela ampla participação de empresas multinacionais europeias (como Porshe, Enel e Siemens) no financiamento e implementação das várias etapas do projeto. Ambos os exemplos alinham-se a observações iniciais sobre a forte presença de empresas europeias nos projetos e que apontam para os riscos de que a agenda GG venha a priorizar os ganhos econômicos desses atores, deixando no plano secundário os objetivos de desenvolvimento do Sul Global (Eurodad, 2024).

Nesse sentido, o levantamento realizado demonstra dificuldades na identificação de maior participação de atores locais e sociedade civil nos projetos analisados. Com relação aos projetos que englobam o Brasil, destaque merece ser dado aos casos dos projetos Paulo Freire II — que inclui participação e liderança de atores locais (Estado do Ceará) — e ao projeto Amazônia+, no qual se encontram menções ao engajamento de atores locais, sociedade civil e comunidades indígenas. Já no caso do Chile, predomina a falta de transparência sobre os atores que participam a nível local, tendo em vista que as informações a respeito dos projetos nunca mencionam o governo local ou a sociedade civil, possivelmente marginalizados dos programas GG estudados, reforçando a ideia de que em grande medida os projetos GG para a América Latina se caracterizam por uma abordagem de cima para baixo (*top-down approach*). Esses achados alinham-se a críticas gerais que a agenda GG têm recebido acerca da exclusão dos atores do Sul Global, sejam estatais e não-estatais, do desenho e implementação dos projetos GG (Eurodad, 2024).

Finalmente, com relação ao vínculo dos projetos GG estudados com os objetivos do desenvolvimento sustentável e a Agenda 2030, algumas observações comparadas podem ser realizadas com base nos ODS relacionados aos projetos GG analisados de acordo com o "Vade-mécum dos Programas de Cooperação UE-ALC" (EU-LAC Foundation, s.d.). No caso do Brasil, os ODS vinculados com mais frequência aos projetos GG para o país foram os ODS 1, 2, 3, 8, 9, 10, 11 e 13. Isso denota uma diversificação dos temas tratados pelos projetos GG para o Brasil, com foco nos ODS que abordam aspectos sociais, econômicos e ambientais. Já no caso da agenda GG para o Chile, os ODS 8 e 9, vinculados a trabalho decente e crescimento econômico e indústria, inovação e infraestrutura, respectivamente, mas também o ODS 13, sobre ação climática, são os mais relacionados aos projetos analisados, indicando uma maior especialização dos eixos tratados pelos projetos GG para esse país.

Considerações finais

Este capítulo buscou analisar criticamente a iniciativa *Global Gateway* da União Europeia na América Latina (GGIA), com foco nos projetos desenvolvidos no Brasil e no Chile. A partir de uma perspectiva 'verde e crítica', investigou o potencial do GG para contribuir com a agenda verde e com os ODS, especialmente nos setores de clima e energia. A análise evidenciou tanto os avanços quanto os desafios no alinhamento e envolvimento da UE e dos atores estatais e não-estatais locais dos dois países, destacando a importância da cooperação entre atores europeus, bancos de fomento e stakeholders regionais. Ao avaliar suas características gerais, o grau de participação de atores dos dois lados do Atlântico nos projetos, bem como seus vínculos com a agenda 2030, conclui-se que, embora o GG represente uma ambiciosa estratégia de investimento internacional, sua efetividade dependerá do aprofundamento do diálogo com os atores locais e do compromisso com práticas comprovadamente sustentáveis e inclusivas.

A análise da Agenda GG revela diferenças significativas entre os projetos desenvolvidos no Brasil e no Chile, refletindo disparidades territoriais e populacionais entre os dois países. Enquanto o Chile conta com três projetos focados majoritariamente em temas verdes e energéticos, como hidrogênio verde e matérias-primas críticas, o Brasil apresenta uma agenda mais diversificada, com oito projetos abrangendo áreas como energia verde, infraestrutura, saúde e conectividade digital. A participação de países europeus também é expressiva em ambos os contextos, com destaque para a atuação de Países Baixos, Espanha, Alemanha e França no Brasil, e da Alemanha e França no Chile, seguindo as lógicas dos Teams Europe. Além dos atores estatais, diversas instituições financeiras multilaterais e regionais, como o BEI, IFC, CAF, IFAD e BID, têm contribuído para a implementação dos projetos. Por um lado, a iniciativa privada também tem desempenhado um papel relevante, com empresas como Green Energy Park, Porsche, Enel e Siemens liderando ou financiando projetos relevantes. No entanto, observa-se uma limitada participação de atores locais e da sociedade civil, especialmente no caso do Chile, em que prevalece a falta de transparência sobre os parceiros locais, sugerindo uma abordagem predominantemente vertical (*top-down*). Embora alguns projetos no Brasil demonstrem esforços de inclusão, como nos casos dos projetos Paulo Freire II e Amazônia+, as críticas à exclusão de atores da sociedade civil do Sul Global e a prevalência do envolvimento de empresas multinacionais europeias permanecem pertinentes. Por fim, quanto à articulação com os ODS, os projetos brasileiros mostram maior diversidade temática, vinculando-se a múltiplos ODS (como os ODS 1, 2, 3, 8, 9, 10, 11 e 13), enquanto os projetos no Chile se concentram principalmente nos ODS 8, 9 e 13, refletindo uma agenda mais especializada em crescimento econômico e ação climática, e menos nas agendas sociais, como a erradição da fome, da pobreza e das desigualdades sociais e de gênero. Em geral, prioridades europeias de busca por acesso a matérias primas críticas e fontes renováveis têm sido privilegiadas na agenda GG, deixando o desenvolvimento social em segundo plano.

ARGENTINA.GOB. *Informe Litio*. Secretaría de Minería, 2021. Disponível em: **https://www.argentina.gob.ar/sites/default/files/informe_litio_2021_final.pdf**.

BABIC, M.; SHARMA, S. "Mobilising critical international political economy for the age of climate breakdown". *In*: *New Political Economy*, 28:5, 2023, pp. 758-779.

BARRY, J. "Green Political Theory". *In*: GEOGHEGAN, V., WILFORD, R. (Eds.), *Political Ideologies*: An Introduction. London: Routledge, 2014. pp. 153-178.

BHATTACHARYYA, A. "Green Theory (International Relations)". *In*: ROMANIUK, S.; MARTON, Péter N. (Eds.). *The Palgrave Encyclopedia of Global Security Studies*. London: Palgrave Macmillan. 2021.

COALITION FOR HUMAN RIGHTS IN DEVELOPMENT. *Too good to be true*: the true cost of green hydrogen in Chile. 2024.

CONATO, M.; NASTASI, F. "Marco conceptual y recomendaciones para la dimensión social de la Global Gateway Investment Agenda en América Latina y el Caribe". *In*: *Collecion Eurosocial*, 37. 2024. Disponível em: **https://www.cespi.it/en/ricerche/marco-conceptual-y-recomendaciones-para-la-dimension-social-de-la-global-gateway-investment**.

DYER, H. "Green Theory". *In*: MCGLINCHEY, S.; WALTERS, R.; SCHEINPFLUG, C. (Eds), *International Relations Theory*, Bristol: E-International Relations, 2017. Disponível em: **https://www.e-ir.info/wp-content/uploads/2017/11/International-Relations-Theory-E-IR.pdf**.

ECKERSLEY, R. "Green Theory". *In*: DUNNE, T.; KURKI, M.; SMITH, S. (Eds). *International Relations Theories*: Discipline and Diversity. Oxford: Oxford University Press, 2013, pp. 166-286

EEAS. *Relations with the EU*. The European Union and Brazil — Trade Relations, 2 August, 2021. Disponível em: **https://www.eeas.europa.eu/brazil/european-union-and-brazil-trade-relations_en?s=191.**

EGAN, M.; RAUBE, K.; WOUTERS, J.; CHAISSE, J. (Eds.) *Contestation and Polarization in Global Governance*: European Responses. (Leuven Global Governance series) Glos/Massachusetts: Edward Elgar Publishing. 2023. Disponível em: **https://www.e-elgar.com/shop/usd/contestation-and-polarization-in-global-governance-9781800887251.html.**

EIB. *CASAN Brazil Water and Sanitation FL*, 4 August, 2022. Disponível em: **https://www.eib.org/en/projects/pipelines/all/20210814.**

EU-LAC. *Strengthen regional energy integration of the Andean Electricity Interconnection System*. (s.d. b) Disponível em: **https://eulacfoundation.org/en/strengthen-regional-energy-integration-andean-electricity-interconnection-system.**

EU-LAC. *Digital Accelerator*. The Project. 2025. Disponível em: **https://eulacdigitalaccelerator.com/about/.**

EU-LAC FOUNDATION. *Vademecum of EU-LAC Cooperation Programmes*, (s.d. a) Disponível em: **https://eulacfoundation.org/en/databases/vademecum-eu-lac-cooperation-programmes?search_api_fulltext=&populate=&field_country=1099&field_sdg=All&page=1.**

EURODAD. *Who profits from the Global Gateway? The EU's new strategy for development cooperation*. October. 2024. Disponível em: **https://www.eurodad.org/who_profits_from_the_global_gateway_the_eu_s_new_strategy_for_development_cooperation.**

EUROPEAN COMMISSION. *Joint Communication to the European Parliament, the Council, the European Economic and Social Committee, the Committee of the Regions and the European Investment Bank The Global Gateway*. Brussels. 2021a. Disponível em: **https://eur-lex.europa.eu/legal-content/EN/TXT/PDF/?uri=CELEX:52021JC0030.**

EUROPEAN COMMISSION. International Partnerships. *Global Gateway*: up to €300 billion for the European Union's strategy to boost sustainable links around the world. 2021b. Disponível em: **https://international-partnerships.ec.europa.eu/news-and-events/news/global-gateway-eu300-billion-european-unions-strategy-boost-sustainable-links-around-world-2021-12-01_en.**

EUROPEAN COMMISSION. *Keynote speech by President von der Leyen at the European Hydrogen Week 2023*, via video message, Brussels, 19 November, 2023. Disponível em: **https://ec.europa.eu/commission/presscorner/detail/en/speech_23_5907.**

EUROPEAN COMMISSION. *Commission presents Global Gateway Investment Agenda with Latin America and Caribbean.* July 17. 2023. Disponível em: **https://ec.europa.eu/commission/presscorner/api/files/document/print/en/ip_23_3863/IP_23_3863_EN.pdf.**

EUROPEAN COMMISSION. *Brazil*. 2024. Disponível em: **https://international-partnerships.ec.europa.eu/countries/brazil_en.**

european commission. *EU-Latin America and Caribbean Digital Alliance*, DG International Partnerships. 2024. Disponível em: **https://international-partnerships.ec.europa.eu/policies/global-gateway/eu-latin-america-and-caribbean-digital-alliance_en.**

EUROPEAN COMMISSION. *International Partnerships*: Team Europe Initiatives. (s.d.) Disponível em: **https://international-partnerships.ec.europa.eu/policies/team-europe-initiatives_en.**

EUROPEAN COMMISSION. EU-LAC *Global Gateway Investment Agenda*. (s.d. b) Disponível em: **https://international-partnerships.ec.europa.eu/policies/global-gateway/eu-lac-global-gateway-investment-agenda_en.**

EUROPEAN COMMISSION. *Renewable Hydrogen*. (s.d. c) Disponível em: **https://energy.ec.europa.eu/topics/eus-energy-system/hydrogen/renewable-hydrogen_en.**

EUROPEAN COMMISSION. *Global Gateway Information on the roll out of the Global Gateway strategy, partnerships, projects and funding opportunities.* (s.d. d) Disponível em: **https://international-partnerships.ec.europa.eu/policies/global-gateway_en**.

EUROPEAN PARLIAMENT THINK TANK. *EU-Latin America*: Enhancing cooperation on critical raw materials. 2024. Disponível em: **https://epthinktank.eu/2024/12/27/eu-latin-america-enhancing-cooperation-on-critical-raw-materials/**.

EUROPEAN UNION EXTERNAL ACTION. *The new 'NDICI- Global Europe' (2021-2027)*. 2022.

FIIAPP. *Amazonia+ Programme*. 2025. Disponível em: **https://www.fiap.gob.es/en/proyectos_fiiapp/amazonia-programme/**.

FRIENDS OF THE EARTH EUROPE. *100+ organisations call on MEPs to vote against EU Chile deal*. 2024.

GLOBAL GATEWAY. *Acciones y Proyectos*. (s.d.) Disponível em: **https://teameuroperh2.com/acciones-y-proyectos/#proyectoteameurope**.

GOBIERNO DE CHILE. *Chile avanza con litio — Estrategia Nacional del Litio*. (s.d.) Disponível em: **https://www.gob.cl/chileavanzaconlitio/**.

GÜNAR, A. "Green Theory in IR: A Theory for a Green World". *In*: ÖZEKIN, M. K.; SUNE, E. *Critical Approaches to International Relations*: Philosophical Foundations and Current Debates. Leiden: Brill. 2022.

HAMOUCHENE, H.; SANDWELL, K. (Eds) *Dismantling Green Colonialism*: Energy and Climate Justice in the Arab Region. London: Pluto Press, 2023.

HELDT, E. "Europe's Global Gateway: A New Instrument of Geopolitics". *In*: *Politics and Governance* 11(4), 2023, pp. 223–234.

HIF GLOBAL. *HIF Haru Oni Demonstration Plant*, (s.d.).

HYDROGEN CENTRAL. *The European Union Endorses Green Energy Park as a 2025 Global Gateway Flagship Project — Green Hydrogen*, 17 December, 2024. Disponível em: **https://hydrogen-central.com/the-european-union-endorses-green-energy-park-as-a-2025-global-gateway-flagship-project-green-hydrogen/**.

LACIF. Latin American and Caribbean Investment Facility. *The EU Global Gateway*. (s.d.) Disponível em: **https://www.eulaif.eu/en/eu-global-gateway**.

LUCIANO, B. T.; FONSECA, C. "EU-Brazil Relations: Opportunities and Challenges from the Global Gateway and the Amazon Fund Initiatives". *In*: *UNU-CRIS Policy Brief* 8, 2024. Disponível em: **https://cris.unu.edu/eu-brazil-relations-opportunities-and-challenges**.

NEWELL, P. "The political economy of global environmental governance". *In*: *Review of International Studies*, 34, 2008, pp. 507–529.

NEWELL, P. "Trasformismo or transformation? The global political economy of energy transitions". *In*: *Review of International Political Economy*, Vol. 26, No. 1, 2019, pp. 25–48.

OBSERVATORIO LATINOAMERICANO DE CONFLICTOS AMBIENTALES. *No es la idea ser una colonia de la Unión Europea*. 2023. Disponível em: **https://olca.cl/articulo/nota.php?id=110349**.

OBSERVATORY OF DEBT IN GLOBALIZATION AND ECOLOGISTS IN ACTION. *The hydrogen trail*: an overview of hydrogen development and its impacts in the Spanish state and Chile. 2024. Disponível em: **https://odg.cat/en/**.

OLIVIÉ, I.; O'SHEA, M. (Eds.) "Development aid and geopolitics: The EU's Global Gateway initiative". *In*: *Elcano Policy Paper*. Real Instituto Elcano. 2023.

SANTANDER TRADE. *Brazil*: Foreign Investment, 2025. Disponível em: **https://santandertrade.com/en/portal/establish-overseas/brazil/foreign-investment**.

SAUVIGNON, F.; BENAGLIA, S. "An EU Global Gateway...To What?". *In*: *CEPS Explainer* 14. 2023. Disponível em: **https://www.ceps.eu/ceps-publications/an-eu-global-gateway-to-what/**.

SOLER I LECHA, E. "The Global Gateway: Connectivity and Competition in the Global Race for Infrastructures". *In*: COSTA, O.; SOLER I LECHA, E.; VLASKAMP, M. (Eds.), *EU Foreign Policy in a Fragmenting International Order*. London: Palgrave Macmillan. 2024. Disponível em: **https://library.oapen.org/bitstream/handle/20.500.12657/96083/9783031640605.pdf?sequence=1&isAllowed=y**.

STATE OF CEARÁ. Governo do Ceará sanciona lei que autoriza financiamento do Projeto Paulo Freire II, 22 July, 2024. Disponível em: **https://www.sda.ce.gov.br/2024/07/22/governo-do-ceara-sanciona-lei-que-autoriza-financiamento-do-projeto-paulo-freire-ii/**.

STATISTA. *Main trade partners of Brazil in 2024, by value of exports and imports*. 2024. Disponível em: **https://www.statista.com/statistics/1337836/brazil-main-trade-partner-countries-by-exports-imports/**.

U.S. GEOLOGICAL SURVEY. *Mineral commodity summaries 2024: U.S. Geological Survey*, 212. 2024. Disponível em: **https://doi.org/10.3133/mcs2024**.

CAPÍTULO 3

DESAFIOS NAS NEGOCIAÇÕES DO ACORDO DE LIVRE COMÉRCIO MERCOSUL-UE E AS REAÇÕES DO BRASIL E DO MERCOSUL ÀS METAS AMBIENTAIS DO BLOCO EUROPEU

Patricia Nasser de Carvalho
Fernanda Nanci Gonçalves

Introdução

A conclusão do Acordo de Livre-Comércio entre o Mercosul e a União Europeia (UE) representa um marco histórico no comércio internacional, integrando dois dos maiores blocos econômicos do mundo. Com uma população combinada de aproximadamente 718 milhões de pessoas e um Produto Interno Bruto (PIB) estimado em US$ 22 trilhões, o acordo é o mais abrangente já negociado pelo Mercosul e figura entre os mais ambiciosos da história da UE. Em um cenário internacional crescentemente marcado por tendências ao protecionismo e ao unilateralismo, a finalização do tratado em 2024 envia uma mensagem política de peso em favor do multilateralismo, da integração regional e da promoção de um comércio internacional pautado pelo crescimento econômico sustentável (MDIC, 2024).

As tratativas para um acordo entre os blocos remontam a 1995, com a assinatura do Acordo-Quadro de Cooperação Inter-regional, que estabeleceu as bases para a criação de uma área de livre comércio birregional. Desde então, o processo foi marcado por avanços pontuais e longos períodos de estagnação, refletindo assimetrias estruturais entre os blocos. A proposta inicial enfrentou obstáculos relacionados à proteção agrícola por parte da UE e à resistência do Mercosul quanto à abertura de seus mercados industriais. Ao longo dos anos 2000, divergências sobre tarifas, subsídios e temas regulatórios — como propriedade intelectual e compras governamentais — travaram o progresso das negociações.

A partir de 2010, com o impasse nas rodadas da Organização Mundial do Comércio (OMC) e mudanças na conjuntura internacional, as negociações foram retomadas com maior vigor. O avanço significativo ocorreu entre 2016 e 2019, diante da busca da UE por novas parcerias estratégicas em meio ao Brexit e à ascensão de posturas unilaterais nos Estados Unidos, com a eleição de Donald Trump. Em junho de 2019, foi finalmente anunciado o pré-acordo político, que estabeleceu os termos gerais de um tratado ambicioso, embora a sua conclusão tenha permanecido em aberto. Nesse momento, o tratado foi saudado como um exemplo de cooperação birregional e integração econômica, mas as controvérsias ambientais rapidamente se impuseram como um dos principais obstáculos a sua finalização.

Esse cenário reflete uma transformação mais ampla nas dinâmicas do comércio internacional, marcada pela ascensão dos chamados acordos de 'nova geração'. Diferentemente dos tratados tradicionais, centrados sobretudo na liberalização tarifária, os acordos contemporâneos incorporam temas como meio ambiente, direitos trabalhistas, propriedade intelectual, normas técnicas e compras públicas. Com isso, a política comercial passa a operar também como um instrumento normativo e regulatório, exportando padrões e valores para além das fronteiras nacionais dos Estados. A UE, em particular, tem desempenhado papel de destaque nesse processo, incorporando cláusulas ambientais robustas em seus acordos e pressionando seus parceiros a adotarem compromissos alinhados ao Acordo de Paris de 2015 e aos Objetivos de Desenvolvimento Sustentável (ODS) das Nações Unidas. O Acordo Mercosul-UE exemplifica essa nova geração de tratados, ao incluir um capítulo específico sobre comércio e desenvolvimento sustentável, cuja implementação tornou-se um dos pontos centrais — e controversos — das negociações finais.

Para o Brasil, o acordo tem valor estratégico tanto em termos econômicos quanto políticos. A UE é o segundo maior parceiro comercial do país, com uma corrente de comércio de cerca de US$ 92 bilhões em 2023, e responde por quase metade do montante de investimento estrangeiro direto no território nacional. Ao facilitar o acesso ao mercado europeu, o tratado busca fomentar a diversificação das parcerias comerciais brasileiras e promover a modernização do parque industrial nacional por meio da inserção em cadeias produtivas globais. Além disso, reforça a posição do Brasil na Parceria Estratégica estabelecida com a UE em 2007 — a primeira do bloco europeu com um país da América Latina (MDIC, 2024).

Este capítulo tem como objetivo analisar de que modo as pressões por compromissos ambientais mais rigorosos por parte da UE — particularmente após a adoção do Pacto Verde Europeu em 2019 — influenciaram o curso final das negociações do Acordo de Livre-Comércio entre este bloco e o Mercosul, especialmente no que tange à posição negociadora brasileira. Para tanto, discutem-se os impactos das exigências ambientais da UE sobre seus parceiros comerciais, as tratativas do acordo entre Mercosul e UE com ênfase no capítulo sobre comércio e desenvolvimento sustentável, os desafios enfrentados para promover a conciliação de interesses entre as partes, bem como os entraves políticos à ratificação do acordo. Nesse contexto, destaca-se como as negociações retomadas entre 2023 e 2024 abriram espaço para o Mercosul, especialmente para o Brasil, reposicionar-se no comércio internacional, sobretudo ao articular crescimento econômico e sustentabilidade.

A pesquisa que fundamenta este capítulo é de natureza qualitativa e explicativa, baseada na análise de dados, artigos acadêmicos e documentos institucionais relacionados à política ambiental da UE, e concentra-se no período posterior à formalização do pré-acordo, em 2019.

O texto está estruturado em cinco seções, para além desta breve introdução. A seção a seguir discute o Pacto Verde Europeu e os mecanismos regulatórios associados às exigências ambientais da UE. A seção seguinte examina os desafios enfrentados tanto pela UE quanto por seus parceiros comerciais no contexto da implementação dessas metas ambientais. A próxima seção dedica-se à análise do capítulo sobre comércio e desenvolvimento sustentável do Acordo de Livre-Comércio Mercosul-UE, destacando seu papel nas negociações e as disputas em torno de sua aplicação. Na sequência, o texto foca na reação do Brasil e dos demais países do Mercosul frente às demandas ambientais europeias, explorando o processo de negociação que ocorreu entre 2023 e 2024, resultando na assinatura da versão final do acordo em dezembro daquele ano. Por fim, a última seção apresenta as considerações finais.

O pacto verde europeu e as exigências ambientais da UE

O Pacto Verde Europeu (*European Green Deal*), também chamado de Pacto Ecológico Europeu, foi lançado pela UE em 2019. Ele é a mais ambiciosa estratégia ambiental já estabelecida pelo bloco europeu desde os anos 1970, quando as Comunidades Europeias (CE) estabeleceram os primeiros objetivos e diretrizes que conformaram a política ambiental comunitária nos anos 1990. A intenção do Pacto Verde Europeu é diminuir as emissões de gases do efeito de estufa e promover a neutralidade climática do bloco europeu de integração regional até 2050 e o crescimento econômico dissociado da utilização de recursos naturais. O pacto também representa o primeiro compromisso público mundial de um esquema de integração composto por Estados com o intuito de zerar as emissões líquidas de gases do efeito estufa na atmosfera.

A Lei Europeia do Clima, aprovada em 2021, que estabelece a meta de redução das emissões líquidas de gases de efeito estufa em pelo menos 55% até 2030 em comparação aos níveis de 1990, é um dos pilares do Pacto Verde Europeu. Essa é uma etapa intermediária para transformar a UE em uma economia verde e demanda que as instituições europeias e os Estados-membros tomem medidas para atingir o objetivo de neutralidade climática até 2050 (European Consilium, s.d.). Outros planos na área ambiental aprovados pela UE nos últimos anos também refletem a efetiva conscientização dos líderes e dos cidadãos europeus sobre a urgência de agir para mitigar as consequências das mudanças climáticas (Henley, 2023). Nesse sentido, uma das mais amplas propostas da Lei Europeia do Clima, o pacote *Fit for 55*, ou Objetivo 55, abrange uma gama de diretivas juridicamente vinculativas em todos os setores da economia, como indústria, transportes e agricultura, além de que inclui um sistema de compra e venda de créditos de carbono e de apoio social específico para cidadãos e pequenas empresas mais atingidas pelas mudanças climáticas (Conselho da UE, s.d.). Esse pacote de propostas visa criar, revisar e atualizar a legislação da UE de modo a garantir que as ações ambientais nacionais estejam alinhadas com as metas climáticas do bloco europeu, garantam uma transição justa e, ao mesmo tempo, consigam garantir a sua competitividade.

Na esteira desse processo, a estratégia *Farm to Fork*, de 2020, outro componente do Pacto Verde, e o programa RePower EU, de 2022, foram lançados, respectivamente, com o propósito de transformar o atual sistema alimentar e de energia da UE em modelos mais sustentáveis e eficientes (European Commission, s.d.). Nos últimos anos, o bloco europeu ainda aprovou regulações que balizam áreas como biodiversidade, produtos fitofarmacêuticos e químicos, manejo do solo e da água, de aterros sanitários etc. Uma das mais recentes normas, a Regulamentação da UE para Produtos Livres de Desmatamento, editada em 2023, tem o propósito de limitar o impacto do desmatamento na perda da biodiversidade na degradação florestal. Segundo essa Regulamentação, a UE deve reduzir as emissões de carbono na atmosfera e deter a perda de cobertura florestal mundial até 2030 (Comissão Europeia, 2019). Assim, ficam proibidos produtos que os europeus compram, usam e consomem e que contribuem de alguma forma com o desmatamento e a degradação florestal, tanto na UE quanto no mundo.

Desse modo, produtos derivados de certas *commodities*, cujo processo produtivo imponha riscos às florestas, como carne bovina, soja, palma de dendê, café, cacau, madeira e borracha, provenientes de áreas de floresta desmatadas após 31 de dezembro de 2020, não poderão ser mais importados pela UE (Lopes *et al.*, 2023). A Regulamentação foi aprovada pelo Parlamento Europeu e formalmente adotada pelo Conselho e deverá valer a partir de 30 de dezembro de 2025, depois que a sua entrada em vigor foi postergada. Ela define critérios de risco dos países dos quais a UE importa ou para os quais exporta de acordo com várias disposições, entre elas a taxa de expansão das terras agrícolas para as *commodities*, a taxa de desmatamento, a existência de leis de proteção aos direitos humanos e dos povos indígenas e leis nacionais ou subnacionais em vigor que tenham medidas de execução eficazes para combater o desmatamento e a degradação florestal (Climate & Company; Amigos da Terra, 2023).

Com efeito, o esforço da UE para levar adiante a sua arrojada política ambiental é notório. A fim de financiar todos esses programas, ela estruturou um grande aparato multianual de financiamento no eixo Recursos Naturais e Meio Ambiente, que destina massivos recursos ao Fundo Social Europeu para Mudanças Climáticas, ao Mecanismo de Transição Justa, ao Fundo de Modernização, ao Fundo de Inovação, ao Horizonte Europa e ao Programa LIFE para o Meio Ambiente e Ações Climáticas. Esses recursos representam em torno de 30% do orçamento comunitário entre 2021 e 2027 para enfrentamento das mudanças climáticas e são canalizados para pesquisa e desenvolvimento tecnológico, suporte técnico e danos sociais (European Commission, s.d.) e sustentam os programas europeus de transição verde.

Além do empenho para fortalecer e conferir traços de continuidade a sua política ambiental em nível europeu, desde os anos 1970, a UE atua em alinhamento com a agenda da Organização das Nações Unidas (ONU) sobre o tema e procura exercer papel de liderança global nas negociações internacionais nessa questão. Tendo em vista os seus elevados parâmetros internos relativos à preservação do meio ambiente, os quais estão ajustados às metas da Convenção-Quadro da ONU sobre Mudanças Climáticas (UNFCC) de 1992 e com o Acordo de Paris sobre Mudanças Climáticas de 2015, ao menos desde os anos 1990, a UE se dedica a influenciar outros países a adotar medidas ambiciosas, as quais viabilizem a redução das emissões globais de gases poluentes e protejam a biodiversidade (Oberthür; Groen, 2018; Koundori *et al.*, 2017).

Ademais da atuação ativa da UE nas conferências da ONU, o bloco trabalha para que os padrões europeus com relação ao meio ambiente transbordem para as suas relações com outros países ao buscar consistentemente alcançar objetivos ambiciosos de sua política ambiental baseados em evidências científicas (Oberthür; Dupont, 2021). Isso acontece da seguinte forma: por um lado, o Pacto Verde Europeu destina financiamento público e privado na área do clima para economias em desenvolvimento bastante atingidas pelas mudanças climáticas, colocando a UE como a maior financiadora mundial de projetos nesse tópico. Por outro, os objetivos ambientais do bloco europeu implicam em que mercados com os quais ele comercializa tenham que se enquadrar aos parâmetros europeus, se quiserem continuar se relacionando com o bloco. Esse é o caso da Regulamentação da UE para Produtos Livres de Desmatamento. Empresas/países serão impedidos de exportar para a UE se não apresentarem documentação comprovando que seus produtos não têm qualquer impacto no desmatamento e na degradação de florestas, ou seja, que são livres de desmatamento. Logo, o Pacto Verde e outras legislações ambientais europeias permitem que a UE implemente uma narrativa 'ecologicamente correta', tanto para dentro quanto para fora da Europa.

Ao mesmo tempo, ele também abre oportunidades para que o bloco europeu se reinvente como ator global a partir da sua diplomacia ambiental em um mundo em rápida transformação, mas que convive com o multilateralismo em crise e com a sombra do protecionismo comercial (Telò, 2018).

Os desafios da UE e de seus parceiros no âmbito do Pacto Verde Europeu

É fato que a política ambiental da UE carrega traços de coerência, continuidade e conta com elevados padrões que se refletem nos fundamentos do Pacto Verde em face da importância que o bloco europeu confere ao tema. No entanto, não se pode dizer que o compromisso da UE com a mitigação das alterações climáticas seja tão forte a ponto de que exista uma repercussão natural das suas considerações relacionadas com o meio ambiente. Na prática, sua política ambiental é alvo de reclamações dos seus parceiros externos. Como o bloco europeu se considera líder mundial nas negociações internacionais, na apresentação de propostas, nas ações, no financiamento e nas pesquisas relativas à agenda ambiental global, em alguma medida, a interpretação de parceiros dos europeus é de que a UE impõe sua visão normativa e tecnocrática sobre o tema aos seus Estados-membros ou aos seus parceiros extrarregionais. Isso pôde ser comprovado na reação à Regulamentação para Produtos Livres de Desmatamento. Desde a sua apresentação, foram feitas várias críticas à UE quanto a sua falta de diálogo prévio internamente e com países terceiros nos fóruns multilaterais, como a OMC. Muitos desses países, sobretudo os em desenvolvimento — onde o setor agropecuário é uma atividade fundamental da economia —, serão bastante afetados pela Regulamentação. Por isso, muitos desses parceiros da UE ficaram contrariados com a atitude europeia e a consideraram unilateral. Em suas visões, a UE não compreende os grandes desafios enfrentados pelos países em desenvolvimento, ainda que compartilhe com eles os objetivos de proteção ambiental (Taneja, 2024).

Logo após a oficialização da Regulamentação, um conjunto expressivo de países da América Latina, do Caribe, da Ásia e da África enviou uma carta às autoridades europeias, reforçando a sua preocupação com a implementação dessa lei e solicitando a adoção de processos de cooperação eficazes, além de diálogos mais significativos e abertos com esses mercados, grandes produtores de *commodities* (MRE, 2023). Nessa carta, esses países ressaltam quais serão os impactos para os pequenos produtores agropecuários nacionais e pedem que a Comissão Europeia adote regimes diferenciados de conformidade e devida diligência para produtos e mercadorias originários de pequenos produtores de países em desenvolvimento (Lopes *et al.*, 2023). Também de forma reativa, em setembro de 2024, os ministros das relações exteriores e da agricultura do Brasil enviaram outra carta à presidente da Comissão Europeia, Ursula von der Layen, pedindo que a UE adiasse a entrada em vigor da Regulamentação de Produtos Livres de Desmatamento. O argumento do governo brasileiro era de que a lei é um "instrumento unilateral punitivo", que discrimina países cujas economias têm abundância em recursos florestais, como o Brasil (Igini, 2024).

O mesmo ocorre na esteira das negociações de acordos preferenciais de comércio realizados pela UE. Esses acordos, considerados 'modernos', trazem provisões relativas a diversos temas ligados ao comércio, inclusive sobre a proteção do meio ambiente, e admitem que o comércio internacional pode auxiliar no desenvolvimento sustentável das nações (Brandi; Morin, 2023). Desde a fase de negociação das suas parcerias, a UE exige critérios ambientais nos textos dos tratados comerciais e cobra ação de terceiros países em conformidade mínima com as metas da ONU estabelecidas no Acordo de Paris. O bloco europeu considera que o comércio é um veículo fundamental para apoiar os países em desenvolvimento nos seus esforços para melhorar o seu status socioeconômico e alcançar os ODS de 2030. Nesse sentido, o cumprimento das normas e acordos internacionais relevantes, bem como a aplicação das leis ambientais e trabalhistas nacionais e internacionais, constituem parte integrante dos acordos comerciais da UE com seus parceiros comerciais. Incentivar o comércio sustentável de recursos naturais também é um dos objetivos declarados da política comercial da UE, assim como incentivar o comércio que apoia o combate às mudanças climáticas. (Kettunen *et al.*, 2020). Contudo, por vezes, os parceiros comerciais da UE reagem a todas essas regulações ambientais de forma crítica, entre outras razões, pela forma unilateral com que os europeus conduzem o processo, o que prejudica as nações emergentes.

As tentativas da UE de cimentar seu papel de liderança global ambiental e de coordenar a política ambiental se dão também apesar do crescimento das divisões sociopolíticas dentro do bloco europeu, sobretudo após as consequências da crise da zona do euro sobre as economias europeias, iniciada em 2008, do aumento da representatividade política na última década de partidos populistas de extrema direita no governo de muitos Estados-membros e nas instituições da UE. Grande parcela desses partidos é eurocética, nega as evidências da ciência no que se refere às mudanças climáticas e apoia a forte resistência de alguns grupos sociais às metas europeias rumo à transição verde (Weise; Camut, 2025; Ruffino, 2024). A continuidade do fortalecimento da extrema direita na Europa, fenômeno que se intensificou nos últimos anos, pode atrasar ou, no limite, prejudicar a implementação do Pacto Verde Europeu (Van Rij *et al.*, 2024), uma vez que alguns partidos políticos mais radicais falam em 'reação verde' como oposição às metas ambientais da UE. Mirando o segmento do eleitorado insatisfeito com as exigências ambientais do bloco europeu, eles geralmente se remetem aos elevados custos das políticas verdes para produtores e consumidores (Youngs; Kambli, 2023). Em contrapartida, os partidos verdes vêm perdendo espaço político nas eleições recentes, tanto em nível dos Estados-membros como em nível europeu, e questões como inflação, imigração e segurança, em alguma medida, eclipsam a questão ambiental.

Nesse contexto, o bloco europeu tem ainda que lidar com queixas internas daqueles que o acusam de ignorar a opinião de segmentos importantes da sociedade e de priorizar as questões técnicas em detrimento das questões de justiça social (Yougs; Kambli, 2023). Isso ficou claro nas manifestações dos produtores rurais em diversos países da Europa, que aconteceram ao longo dos anos 2023 e 2024, sobretudo nos maiores mercados agrícolas, como França, Polônia e Irlanda (Dennison; Engström, 2024). Esses manifestantes desaprovam as crescentes exigências ambientais por parte da UE, as quais, de acordo com a sua perspectiva, implicam em custos mais altos de produção e queda na competitividade frente aos bens importados. Ademais, os debates sobre a política climática também têm sido dominados por preocupações com o suposto fardo da regulamentação ambiental sobre as empresas localizadas na UE, uma tendência aprofundada por associações da indústria que destacam os riscos das exigências para a perda da competitividade e da empregabilidade da indústria europeia (Lehne, 2019).

Em razão disso, a implantação da ambiciosa agenda ambiental da UE rumo à transição verde, para além do discurso — que tem repercussões tanto para as suas relações domésticas quanto para as suas relações externas —, não deixa de ser um teste para o bloco europeu de integração regional, o qual se vê imerso em diversas crises (econômica, migratória, política, geopolítica, após uma crise sanitária) há pelo menos duas décadas e precisa encontrar respostas em um cenário de tantas incertezas. Em um mundo tão interdependente e globalizado, onde competem várias potências em emergência ou grandes potências consolidadas, como os Estados Unidos e a China, a UE procura o seu lugar como um ator global relevante na política internacional e como um bloco econômico regional eficiente e competitivo (Grabbe; Lehne, 2019; Tosun, 2023; Van Rij *et al.*, 2024).

Tendo em vista que existem distintas realidades e, consequentemente, visões divergentes sobre as metas ambientais dentro do bloco europeu, além de que o processo de tomada de decisão da política climática da UE demanda consenso, é possível que o caminho seja longo para que exista efetiva coordenação política sobre o tema no bloco europeu (Oberthür; Dupont, 2021). Mesmo diante de tantas tensões e incertezas, muitos políticos europeus se empenham em defender a política ambiental da UE tentando persuadir eleitores com o argumento de que a transição verde deve ser um tema do interesse da população. Sem dúvida, um dos grandes desafios da UE é lidar com as reações e expectativas internas e externas para avançar no cumprimento das metas do Pacto Verde Europeu.

O capítulo sobre comércio e desenvolvimento sustentável do Acordo de Livre Comércio Mercosul-UE

Além do lançamento do Pacto Verde Europeu, 2019 também foi o ano da assinatura do Acordo de Livre Comércio entre o Mercosul e a UE depois de mais de vinte anos de desgastantes negociações com longos períodos de estagnação. A despeito das comemorações das partes do que deveria ser o primeiro acordo birregional do mundo quando foi proposto pela UE, em 1995, o texto aprovado em 2019 ficou aberto a emendas, deixando incertezas sobre o seu conteúdo final. Em dezembro de 2024, Mercosul e UE decidiram aceitar as ofertas mútuas, promovendo algumas mudanças, e finalmente concluíram as negociações do acordo após mais sete rodadas de negociações e de trocas na liderança política nos países do Mercosul e na Europa. Na verdade, as partes retomaram o nome Acordo de Parceria Mercosul-UE, uma vez que, da forma como foi proposto, ele tem dimensões econômica e política e visa reforçar o Mercosul como plataforma de inserção internacional de seus Estados-Partes (MDIC, 2024). Por esse motivo, no ato da aprovação do acordo, Mercosul e UE passaram a chamar a versão de 2019 de pré-acordo.

Em 2019, havia ficado claro que a fase seguinte de ratificação do acordo seria lenta e complicada. Isso porque as opiniões contrárias a ele foram ampliadas de pronto, tendo em vista que alguns líderes de Estados-membros da UE se mostraram hesitantes em concordar com o conteúdo do que havia sido aprovado (Katanich, 2024; Demarais, 2024; Rizzi, 2024). O mesmo pode ser dito para a versão de 2024, que se encontra em fase de revisão técnica e jurídica. Na ocasião das celebrações na fase de aprovação final do acordo, na 65ª Reunião de Cúpula do Mercosul, os Estados-membros da UE contrários a ele, como Áustria, França e Países Baixos, logo vocalizaram as suas razões para se posicionar desse modo e passaram a se organizar politicamente para bloquear a ratificação do tratado.

Um dos temas mais polêmicos do acordo se refere ao capítulo sobre comércio e desenvolvimento sustentável. Em tese, como se trata de um acordo de comércio preferencial moderno e de 'nova geração' (Oliveira *et al.* 2024), o capítulo exclusivo que versa sobre esse tema, presente no texto de 2019, baseia-se no pressuposto de que o comércio não deve ser realizado em detrimento do meio ambiente ou das condições de trabalho. Desse modo, o Acordo de Livre Comércio Mercosul-UE prevê compromissos que visam conciliar comércio e desenvolvimento sustentável de forma eficaz, além de que destaca que suas disposições estão fortemente baseadas nos quadros de normas multilaterais existentes (por exemplo, as convenções da Organização Internacional do Trabalho (OIT) e os acordos ambientais multilaterais) (MRE, 2024).

Vários são os artigos relativos à meta de desenvolvimento sustentável nesse capítulo: proteção ambiental e direitos humanos, mudanças climáticas, biodiversidade, manejo sustentável das florestas, da pesca e das cadeias de suprimento etc. (EEAS, 2024). Especificamente sobre mudanças climáticas, o acordo retoma o compromisso das partes com a implementação efetiva do UNFCCC e do Acordo de Paris sobre Mudanças Climáticas de 2015. As obrigações em relação ao desenvolvimento sustentável reconhecem o direito dos interessados de adotar, estabelecer e modificar seus próprios níveis de proteção através de leis e políticas domésticas, desde que estejam em conformidade com os acordos ambientais multilaterais. Ou seja, as legislações e políticas nacionais, bem como os compromissos ambientais e trabalhistas internacionais assumidos por cada parte na esfera multilateral definem o nível de proteção ambiental e do trabalho visado pelo acordo (Veiga; Rios, 2020). No que se refere à biodiversidade, é feita referência à relevância de três acordos ambientais multilaterais: a Convenção sobre Diversidade Biológica, a Convenção sobre Comércio Internacional de Espécies Ameaçadas e sobre a Fauna e Flora Selvagens (CITES) e o Tratado Internacional sobre Recursos Filogenéticos para a Agricultura e a Alimentação. O texto do Acordo de Livre Comércio Mercosul-UE ainda enfatiza que ele se pauta no princípio da precaução ao assegurar que os países da UE e do Mercosul podem continuar protegendo a saúde da população e o meio ambiente, mesmo se isso afetar o comércio birregional. Todavia, a medida em questão, segundo o texto, não pode ser aplicada "de forma a constituir uma discriminação arbitrária ou injustificável ou uma restrição disfarçada ao comércio internacional" (EAAS, 2024, p. 13).

Efetivamente, o capítulo chamado Comércio e Desenvolvimento Sustentável se baseia no Acordo de Livre Comércio entre UE e Coreia do Sul, assinado em 2009, que representa um marco na abordagem da sustentabilidade nos acordos comerciais preferenciais da parte do bloco europeu. A partir daquele ano, foram introduzidas provisões sobre proteção do meio ambiente, direitos trabalhistas e mudanças climáticas nos tratados realizados pela UE. Todavia, somente em 2022, a UE passou, entre outras ações, a implementar capítulos específicos sobre comércio e desenvolvimento sustentável nos seus acordos preferenciais de comércio, criar um mecanismo de solução de controvérsias sobre o tema e abrir a possibilidade de usar sanções comerciais como último recurso para violações materiais do Acordo de Paris e dos princípios trabalhistas fundamentais estipulados pela OIT (EP, 2025). No caso do Mercosul, o Acordo de Livre Comércio Mercosul-UE inaugura a incorporação da relação entre comércio e desenvolvimento sustentável em um acordo preferencial de comércio (Veiga; Rios, 2025).

A despeito de que o capítulo que liga o desenvolvimento sustentável ao comércio internacional no acordo seja estratégico e inovador no que se propõe, o princípio da precaução abre precedentes para que ele possa ser instrumentalizado por uma das partes. Assim, tão logo da assinatura do acordo final, as reclamações dos muitos líderes europeus ecoaram com base nesse princípio. Da perspectiva desses políticos, o acordo provocará uma inundação de produtos sul-americanos no mercado europeu, que levará à queda de preços dos bens produzidos na UE e, consequentemente, a grande prejuízo para seus produtores rurais locais. Em outras palavras, os políticos de alguns Estados-membros, veementemente contra o acordo, passaram a entonar que ele não será capaz de promover o desenvolvimento sustentável, é injusto e ameaça a segurança alimentar.

A conclusão do acordo também ressoou as vozes de ambientalistas independentes e de organizações não-governamentais (ONGs), cujas alegações são de que as provisões ambientais do capítulo sobre comércio e desenvolvimento sustentável são demasiadamente frágeis para comprometer os governos dos países do Mercosul, admitidos como responsáveis por não combaterem o desmatamento em seu território e por não cumprirem com regras sanitárias tão rigorosas quanto as europeias. Segundo esses ambientalistas, os países mercosulinos irão utilizar ainda mais suas terras para produzir *commodities* agropecuárias após a entrada em vigor do acordo, o que certamente levará ao aumento da emissão de gases do efeito estufa.

Diante da crescente resistência da sociedade civil europeia ao acordo, assim que negociações do acordo foram retomadas pelas partes, em 2023, depois de certo tempo paralisadas, o Parlamento

Europeu e os parlamentos nacionais apelaram para a criação de cláusulas adicionais que garantissem o respeito mútuo pelo meio ambiente e pelos direitos humanos por parte dos países do Mercosul. Na verdade, as posições contrárias ao acordo na Europa se traduziram, desde 2019, na exigência de 'cláusulas recíprocas' — também conhecidas como 'cláusulas-espelho' —, no acordo por parte dos parlamentos nacionais. Elas procuram garantir, mesmo que de forma não vinculativa, que os bens importados sigam as mesmas regras e normas ambientais e sociais que os produtos advindos da UE (Van Derloo, 2019).

A opinião pública europeia tem sido bastante influenciada por essa retórica política da necessidade de precaução. A despeito de que a Comissão Europeia tenha investido grande esforço diplomático nas negociações do Acordo de Livre Comércio Mercosul-UE por décadas, tanto dentro quanto fora da Europa, e considere esse tratado uma prioridade, o discurso de certos líderes europeus consegue convencer, em alguma medida, a população europeia de que o acordo não é um bom negócio para o bloco. De acordo com grande parcela dos veículos europeus de opinião pública, o Acordo de Livre Comércio Mercosul-UE seria icônico não pelas suas inovações ou vantagens, mas porque se tornará uma ferramenta de alto risco ambiental e sanitário para os europeus (Harrison; Paulini, 2020). Por esses motivos, na sua visão, ele precisaria ser evitado (Harrison; Paulini, 2020), pois não teria a capacidade de limitar as consequências de ações ambientalmente não sustentáveis por parte dos países do Mercosul e de exigir deles os mesmos padrões sanitários da UE (EP, 2025). Da perspectiva da sociedade civil europeia, naquele momento havia fraco monitoramento da aplicação do acordo e insuficiente consulta a grupos de especialistas sobre seus impactos sobre o meio ambiente.

Na esteira do processo de pressão europeia sobre os Estados-Partes do Mercosul, um 'instrumento adicional', como os europeus preferiram colocar, foi apresentado pela UE em fevereiro de 2023, como sendo conjunto Mercosul-UE. A *side letter,* que é um complemento contratual, foi incorporado como anexo ao texto de 2019 como uma resposta da UE às demandas de países e de seguimentos da sociedade europeia refratários ao acordo. Ela foi uma forma encontrada pelos europeus de impor metas de redução do desmatamento para além dos compromissos assumidos pelos países do Mercosul no âmbito do Acordo de Paris. Ali se justificava a preocupação das partes em garantir o compromisso extra com o desenvolvimento sustentável. Além da adoção de mecanismos mais rígidos, a 'carta' mencionava a aplicação de sanções em caso de descumprimento das cláusulas. A seção mais sensível referia-se ao compromisso das partes de interromper e reverter a perda de florestas e a degradação da terra até 2030. Para esse fim, o Mercosul e a UE estabeleceriam um acordo provisório para a redução do desmatamento de ao menos 50% em relação aos níveis atuais até 2025 (EU-Mercosur Joint Instrument, 2023), meta considerada pouco realista por muitos ambientalistas.

Na prática, o episódio relativo à *side letter* demonstrou que a UE pode criar canais com o fim de restringir as importações do bloco mercosulino e se pautar no princípio da precaução que consta do Capítulo Comércio e Desenvolvimento Sustentável do acordo, de modo a retardar ou até a bloquear a sua assinatura e ratificação. Na visão da França e de outros países europeus contrários ao tratado, é preciso continuar protegendo o seu mercado doméstico, especialmente o agrícola, a partir de instrumentos contidos na Política Agrícola Comum (PAC) da Europa, mas também na política comercial da UE, nem que para isso seja necessário agregar novas e impositivas regras aos seus parceiros extrarregionais.

A reação do Brasil e do Mercosul nos últimos anos das negociações com a UE

A partir da assinatura do pré-Acordo de Livre Comércio Mercosul-UE, em 2019, mudanças políticas na América do Sul impactaram a fase seguinte de negociações. Efetivamente, a UE passou a exigir compromissos mais rigorosos dos países do Mercosul quanto ao Capítulo Comércio e Desenvolvimento Sustentável, especialmente diante da crise ambiental brasileira durante o governo do presidente Jair Bolsonaro (2019-2022) e de seu negacionismo climático (Sanahuja; Rodriguéz, 2021). No início da década de 2020, não foi difícil para a UE acusar o Brasil de negligência na preservação e na conservação ambiental. Nesse contexto, o aumento do número de focos de incêndio e dos índices de desmatamento no país, que bateu recordes seguidos, foi associado pelos europeus ao enfraquecimento da política ambiental brasileira, tanto em termos domésticos quanto internacionais, e aos discursos do presidente Bolsonaro, que teriam incentivado ações contrárias a todos os compromissos que o Brasil havia assumido no âmbito multilateral e birregional voltados para o controle do desmatamento e o combate às mudanças climáticas.

As reações do presidente brasileiro às críticas internacionais agravaram a situação. Quando incêndios generalizados eclodiram no Brasil em 2019, Bolsonaro rejeitou milhões de dólares em ajuda do G7, alegando que o grupo buscava infringir a soberania brasileira. Ele ainda atacou ONGs, demitiu o responsável pelo monitoramento ambiental do Brasil e ofendeu líderes europeus, como Angela Merkel e Emmanuel Macron. Diante da crise política entre o Brasil e a UE, Macron acusou Bolsonaro de mentir sobre compromissos climáticos e declarou oposição ao Acordo de Livre Comércio entre o Mercosul e a UE, postura que foi acompanhada por outros líderes europeus. A imprensa internacional não se furtou em divulgar como o governo Bolsonaro estava enfraquecendo os instrumentos nacionais existentes de proteção ambiental. Mesmo diante de forte pressão internacional, o Congresso brasileiro ainda aprovou diversas medidas que reduziram a representação dos cidadãos nos conselhos de políticas ambientais e substituiu formuladores de políticas ambientais com qualificação técnica por oficiais militares (Roy, 2022).

Por outro lado, na mesma época, as eleições de Lacalle Pou no Uruguai e de Alberto Fernández na Argentina, intensificaram tensões no Mercosul. O novo governo uruguaio defendeu a flexibilização do bloco e o abandono da Tarifa Externa Comum (TEC), frequentemente com apoio do Brasil sob Bolsonaro. Como deputado, Bolsonaro havia sido um grande crítico do bloco mercosulino em razão do seu viés ideológico. Em 2022, como presidente, aprovou unilateralmente uma redução de 10% da TEC para mais de 10 mil linhas tarifárias, gerando forte reação da indústria brasileira e argentina (Rodrigues, 2022). Junto ao Brasil, a Argentina decidiu adiar a liberalização do setor automotivo para 2029, alinhando-se ao cronograma do Acordo de Livre Comércio Mercosul-UE. A pandemia de covid-19 também redirecionou as prioridades dos países do bloco sul-americano, tanto que a tentativa argentina de se retirar das negociações de um acordo de livre comércio do Mercosul com a Coreia do Sul reacendeu o debate sobre a proibição das negociações comerciais unilaterais pelos membros do bloco sul-americano. Logo, no contexto das comemorações dos 30 anos do Mercosul, divergências internas do bloco ficaram ainda mais evidentes e contribuíram para enfraquecer a sua posição frente à UE (Sanahuja; Rodriguéz, 2021).

Os líderes da UE, por sua vez, pressionados geopoliticamente pela crescente presença da China na América Latina, intensificaram seus esforços para viabilizar a ratificação do acordo com o Mercosul em 2023. A despeito das resistências francesas e de outros países da UE, muitos diplomatas e líderes europeus não concordavam com a posição cética do grupo liderado pela França com relação aos requisitos para a ratificação do acordo no início do terceiro mandato do presidente brasileiro Luiz Inácio Lula da Silva. Esses representantes da UE ponderavam as consequências para os europeus do prolongamento do conflito na Ucrânia e o contexto geopolítico instável em decorrência da competição por mercado com a China. Além disso, sabiam que a pandemia de covid-19 havia deixado como legado para a UE a necessidade de diversificação de parcerias estratégicas internacionais. Nesse âmbito, um acordo de comércio facilitado com os países do Mercosul, grandes produtores de alimentos e de *commodities*, teria enorme importância para a Europa.

Por esses motivos, a Comissão Europeia reiteradamente demonstrava que o Acordo de Livre Comércio UE-Mercosul era uma de suas prioridades para o ano de 2023 e propagandeava na voz da sua presidente, Ursula von der Layen, que esse seria um acordo 'ganha-ganha' (Euronews, 2023). A UE sabia que um rechaço do acordo por sua parte poderia ser interpretado como um afastamento da América Latina abrindo espaço para que a China concluísse acordos comerciais sem os requisitos ambientais estritos dos europeus (Nolte; Saraiva, 2021). Outro aspecto importante para o bloco europeu naquele momento se referia a sua crescente dependência externa em energia, segurança e tecnologia e a sua tentativa de se reposicionar internacionalmente, impulsionando-o, por isso, a aproximar-se da América do Sul, região rica em recursos estratégicos para a transição energética (Barreto; Wollrad, 2025).

No mesmo ano em que as negociações entre Mercosul e UE foram retomadas, após a posse de Lula como presidente do Brasil em 2023, os europeus apresentaram a *side letter*, que criou forte mal-estar nos países mercosulinos. Especialmente o Brasil se sentiu pressionado para responder ao dispositivo com uma contraproposta à nova demanda europeia (Rittner, 2023), que foi interpretada por autoridades brasileiras como uma abertura à imposição de sanções, o que gerou forte reação negativa do governo brasileiro e dos seus sócios do Mercosul. As autoridades do governo consideraram problemático o fato de a *side letter* transformar compromissos voluntários do Brasil no âmbito do Acordo de Paris (2015) em obrigações juridicamente vinculantes. Por fim, a *side letter* propunha a renegociação de questões não incluídas no Capítulo Comércio e Desenvolvimento Sustentável, como os compromissos assumidos em compras governamentais, que geravam desconforto no governo brasileiro. Para os negociadores do Brasil, o governo Lula já havia demonstrado compromisso com a agenda ambiental global, e qualquer expectativa adicional por parte da UE deveria ser acompanhada de apoio financeiro, como, por exemplo, por meio do Fundo Amazônia (Veiga; Rios, 2025). Lula chegou a dizer que as novas demandas feitas pela UE eram uma "ameaça a um parceiro estratégico, como o Brasil", tempo depois do presidente ter manifestado incômodo com a recém-aprovada Regulamentação da UE para Produtos Livres de Desmatamento (DW, 2023).

A resposta oficial do Mercosul se pautou em duas preocupações centrais: na proposta de inclusão de um mecanismo que permitiria reequilibrar as concessões comerciais negociadas no âmbito do Acordo, caso essas fossem afetadas por legislações internas da UE, e na rejeição explícita da possibilidade de imposição de sanções no âmbito do capítulo de Comércio e Desenvolvimento Sustentável. Isso demonstrava as preocupações do bloco sul-americano com as medidas unilaterais recentemente adotadas ou em curso na UE (como o Mecanismo de Ajuste de Carbono na Fronteira — uma sobretaxa imposta sobre as emissões de produtos importados pela UE — e a Regulamentação para Produtos Livres de Desmatamento).

O evento implicou em que ambos os blocos propusessem ajustes e adições ao texto do 'pré-acordo' de 2019. Sob a orientação do Presidente Lula, desde 2023, o governo brasileiro empenhou-se em garantir que a negociação produzisse um resultado equilibrado, levando em conta interesses e preocupações do Brasil (MDIC, 2024). Por isso, ele aproveitou a ocasião para retomar os debates sobre temas sensíveis para o país e para seus vizinhos, como compras governamentais e serviços, importantes de serem revisados, segundo ele, da perspectiva das necessidades dos países em desenvolvimento (Saraiva; Reis, 2024). O chamado 'Pacote de Brasília' constituiu uma proposta apresentada pelo governo brasileiro alicerçada em 10 pontos para destravar as negociações para a assinatura definitiva do acordo.

Como resultado, o Capítulo sobre Comércio e Desenvolvimento Sustentável foi revisado. Por um lado, sob liderança do Brasil, foram reafirmados os compromissos previamente assumidos, especialmente em relação à conformidade com normas ambientais e trabalhistas, e apresentadas propostas de cooperação para fomentar o comércio de bens sustentáveis, o desenvolvimento de cadeias de valor ligadas à transição energética e o enfrentamento conjunto dos impactos de medidas unilaterais adotadas pela UE. Por outro lado, foram eliminadas as exigências ambientais adicionais da UE e o novo anexo trouxe medidas sobre cadeias de valor sustentáveis para a transição energética, e permitiu restrições à exportação de minerais críticos (MDIC, 2024). De modo geral, o enfoque do anexo é cooperativo e não inclui obrigações vinculantes, mas aponta prioridades compartilhadas entre os blocos.

A despeito dos pontos positivos para o Mercosul, o documento anexo intitulado "Acordo de Paris como Elemento Essencial" integra o pacote de textos do Acordo de Livre Comércio Mercosul-UE como demanda europeia (EU-MERCOSUR, 2024). A sua posição exata dentro da estrutura do acordo ainda não é clara, devido a referências imprecisas e ausência de capítulos nomeados, mas seus artigos afirmam que as partes devem permanecer como signatárias da UNFCCC e do Acordo de Paris — sendo essa obrigação qualificada como 'elemento essencial' do acordo. Os artigos também tratam do cumprimento dessas obrigações, permitindo que violações substanciais a esses 'elementos essenciais' levem à suspensão parcial ou total do acordo (Veiga; Rios, 2025). Com efeito, essa inclusão reflete a pressão europeia e parece ter sido uma condição para que as cláusulas do Capítulo Comércio e Desenvolvimento Sustentável permanecessem fora do escopo do mecanismo de solução de controvérsias do acordo (Veiga; Rios, 2025). No entanto, essa abordagem preserva a flexibilidade desejada pelo Mercosul, especialmente após o Brasil rejeitar, em 2023, a proposta europeia de criar mecanismos adicionais de *enforcement* vinculados a esse capítulo. Assim, o documento representa um equilíbrio delicado entre os compromissos climáticos exigidos pela UE e os limites políticos aceitos pelos países do Mercosul.

No caso de compras governamentais, o Brasil propôs vários ajustes nos termos que haviam sido aceitos em 2019 com vistas a preservar o uso do poder de compra do Estado como ferramenta da nova política industrial brasileira. Merecem destaque a completa exclusão das compras realizadas pelo Sistema Único de Saúde (SUS), a preservação da possibilidade de encomendas tecnológicas, importante política de fomento à inovação e à preservação de margens de preferências para produtos e serviços nacionais (MDIC, 2024). Também ficou acordada a maior proteção ao setor automotivo do Mercosul, com prazos de liberalização estendidos, e a possibilidade de suspender importações sem a necessidade de compensação, caso prejudiquem a indústria local. Outros destaques foram a criação de um Mecanismo de Reequilíbrio do Acordo para evitar que medidas unilaterais comprometam concessões comerciais negociadas e o compromisso da UE em oferecer um pacote para apoiar países do Mercosul na implementação do tratado, em particular em seus aspectos comerciais, tendo em conta a importância, em particular, de apoiar setores mais vulneráveis (MDIC, 2024).

A oferta da UE para a abertura do comércio de bens permaneceu praticamente inalterada em relação ao acordo de 2019, pois sem ampliação do acesso ao mercado para produtos-chave do Mercosul, continuaram sujeitos a quotas de importação (Barreto; Wollrad, 2025). As tratativas entre o Mercosul e a UE se estenderam até dezembro de 2024, quando, finalmente, foi anunciada a conclusão das negociações, com ajustes nos capítulos e a inclusão de anexos. Apesar do forte ceticismo com relação à finalização desse acordo, que prevaleceu até o fim daquele ano, a conclusão das negociações foi anunciada durante a 65ª Cúpula do Mercosul, realizada em Montevideo (Uruguai).

Considerações finais

O Acordo de Livre Comércio entre o Mercosul e a UE representa um esforço inédito de aproximação inter-regional com potencial para transformar significativamente as relações econômicas, políticas e ambientais entre os blocos. No entanto, sua ratificação definitiva permanece incerta e permeada por múltiplos desafios. Apesar da conclusão do pré-acordo em 2019 e do encerramento das negociações em 2024, permanecem posições contrárias a ele, especialmente na UE, e as tensões entre exigências ambientais, os interesses nacionais e a defesa da soberania regulatória dos Estados envolvidos.

Os membros do bloco sul-americano, à semelhança de outros parceiros comerciais da UE, expressam frustração diante da imposição de exigências ambientais cada vez mais rigorosas, muitas vezes percebidas como unilaterais e punitivas. Há a percepção de que, independentemente dos esforços em reduzir o desmatamento ou proteger a biodiversidade, os europeus podem encontrar novos mecanismos ou cláusulas adicionais que dificultem a conclusão do tratado (Silva; Liboreiro, 2023). Essa visão alimenta a desconfiança entre os Estados-Partes do Mercosul e intensifica o desequilíbrio nas relações de negociação, especialmente quando o princípio da precaução é instrumentalizado como justificativa para medidas protecionistas travestidas de sustentabilidade.

Ademais, o cenário político em constante transformação nos países envolvidos tem impacto direto sobre o andamento do processo. Na Europa, as consequências das múltiplas crises e as pressões internas em defesa da necessidade de garantia da sustentabilidade dos parceiros extrarregionais da UE — amplificadas por setores agrícolas influentes, apoiados pelos partidos de extrema direita, e pelos parlamentos nacionais — impõem barreiras políticas à ratificação do Acordo de Livre Comércio Mercosul-UE. França, Irlanda, Polônia e Áustria têm se mostrado particularmente resistentes, temendo que o tratado prejudique seus produtores locais. A Comissão Europeia e outros países como Alemanha, Espanha e Portugal vocalizam a necessidade urgente de agilizar o processo de assinatura e ratificação, tendo em vista a importância estratégica do mercado sul-americano e as pressões geopolíticas vividas pela Europa. O Pacto Verde Europeu acrescenta tensões, tendo em vista suas metas ambiciosas que repercutem dentro e fora da UE. No Mercosul, por sua vez, os governos enfrentam o desafio de conciliar compromissos ambientais mais ambiciosos com a necessidade de proteger setores produtivos vulneráveis à concorrência externa, em um contexto de limitações fiscais, mudanças políticas e demandas sociais urgentes.

Para o Brasil, essas exigências podem representar um chamado estratégico para repensar práticas produtivas, modernizar setores-chave e fortalecer políticas públicas ambientais que deem conta tanto das pressões internacionais quanto das necessidades domésticas. Ao mesmo tempo, a conjuntura internacional — marcada por disputas geoeconômicas, reconfiguração de cadeias globais de valor e o avanço de novas agendas comerciais centradas na transição energética e climática, mas que convivem com o protecionismo — torna o acordo ainda mais relevante e estratégico, mas também mais complexo. Eleições e mudanças de governo, tanto no Sul Global quanto no Norte, adicionam camadas de incerteza à continuidade e prioridade política do tratado.

Ainda assim, o processo recente de revisão do acordo revela também oportunidades relevantes. A eliminação de exigências ambientais adicionais da UE, a reconfiguração de dispositivos do capítulo sobre comércio e desenvolvimento sustentável e a inclusão de instrumentos de cooperação para cadeias de valor sustentáveis sugerem caminhos possíveis para um equilíbrio mais justo entre as partes. Em particular, para o Brasil, esses desdobramentos indicaram seus esforços para equilibrar os compromissos assumidos com a preservação de políticas públicas essenciais e a capacidade de formulação autônoma de estratégias de desenvolvimento no âmbito de suas relações internacionais. Iniciativas como o Pacote de Brasília e a exclusão de setores sensíveis do escopo do acordo mostraram como o governo brasileiro buscou adotar respostas políticas sofisticadas para aliar responsabilidade ambiental, defesa da soberania e busca por oportunidades estratégicas. A esse respeito, o Brasil, com sua dimensão continental, biodiversidade e relevância comercial, tem condições de protagonizar uma agenda que articula desenvolvimento, inserção autônoma e sustentabilidade.

Em última instância, o Acordo Mercosul-UE simboliza impasses e possibilidades do que pode ser uma nova fase das relações internacionais, marcada por um comércio mais regulado, orientado por valores ambientais e sociais, mas ainda profundamente condicionado por assimetrias de poder e divergências de interesses nacionais. O êxito do acordo, no entanto, dependerá da capacidade das partes em manter canais de diálogo construtivo, fortalecer a cooperação técnica e financeira, e desenvolver instrumentos que respeitem as especificidades dos países em desenvolvimento, evitando a imposição de barreiras que disfarcem práticas protecionistas sob a justificativa da sustentabilidade.

Em suma, a ratificação do Acordo Mercosul-União Europeia dependerá de um frágil equilíbrio entre interesses econômicos, exigências ambientais e cálculos políticos internos. Mais do que atender às condições europeias, será necessário que os países do bloco sul-americano participem ativamente da reformulação de uma nova arquitetura do comércio internacional, uma que reconheça as especificidades do Sul Global e promova relações mais equitativas. O futuro do acordo repousa, portanto, na capacidade dos atores envolvidos de acomodar essas diferentes pressões de forma politicamente aceitável para todos os lados. Trata-se, em última instância, de enfrentar um dos principais dilemas contemporâneos do comércio internacional: como conciliar a busca por crescimento econômico com a necessidade imperativa de preservar o meio ambiente diante da crise climática global.

BARRETO, Viviana; WOLLRAD, Dörte. "Mercosur-Unión Europea: ¿al final hay acuerdo?" *In*: *Nueva Sociedad*, jan. 2025. Disponível em: **https://nuso.org/articulo/mercosur-union-europea-acuerdo-comercial/**.

BBC. *Amazon fires*: Brazil threatened over EU trade deal, 29 de agosto 2019. Disponível em: **https://www.bbc.com/news/world-latin-america-49450495**.

BRANDI, Clara; MORIN, Jean-Fréderic. *Trade and the Environment*: Drivers and Effects of Environmental Provisions in Trade Agreements. Cambridge: Cambridge University Press, 2023.

BRASIL. Factsheet Mercosur-European Union Partnership Agreement. *Ministério das Relações Exteriores do Brasil*, 6 de dezembro 2024. Disponível em: **https://www.gov.br/mre/en/content-centers/statements-and-other-documents/factsheet-mercosur-european-union-partnership-agreement-december-6-2024**.

BRASIL. Factsheet Acordo de Parceria Mercosul-União Europeia. *Ministério do Desenvolvimento, Indústria, Comércio e Serviços*, 6 de dezembro de 2024. Disponível em: **https://www.gov.br/mdic/pt-br/assuntos/noticias/2024/dezembro/acordo-de-parceria-mercosul-uniao-europeia**.

BRASIL. Nota à imprensa nº 377: Carta de países em desenvolvimento a autoridades europeias sobre a entrada em vigor da chamada "lei antidesmatamento" da União Europeia. *Ministério das Relações Exteriores do Brasil*. 08 de setembro de 2023. Disponível em: **https://www.gov.br/mre/pt-br/canais_atendimento/imprensa/notas-a-imprensa/carta-de-paises-em-desenvolvimento-a-autoridades-europeias-sobre-a-entrada-em-vigor-da-chamada-201clei-antidesmatamento201d-da-uniao-europeia**.

CONSELHO DA UE. *Objetivo 55*. Disponível em: **https://www.consilium.europa.eu/pt/policies/fit-for-55/**.

CLIMATE & COMPANY; AMIGOS DA TERRA. *O Regulamento da União Europeia para Produtos Livres de Desmatamento (EUDR)*. Amazônia Brasileira, 1 de junho de 2023. Disponível em: **https://amigosdaterra.org.br/wp-content/uploads/2023/06/EUDR-Overview-PT.pdf**.

DEMARAIS, Agathe. *The bigger picture*: The case for an EU-Mercosur free trade deal. European Council of Foreign Relations (ECFR), 15 de Janeiro de 2024. Disponível em: **https://ecfr.eu/article/the-bigger-picture-the-case-for-an-eu-mercosur-free-trade-deal/**.

DENNISON, Susi; ENGSTRÖM, Mats. *Ends of the earth*: How EU climate action can weather the coming election storm. European Council on Foreign Relations (ECFR), 28 de setembro de 2023. Disponível em: **https://ecfr.eu/publication/ends-of-the-earth-how-eu-climate-action-can-weather-the-coming-election-storm/**.

DEUTSCHE WELLE (DW). *Lula chama novas demandas da UE para o Mercosul de "ameaça"*. 25 de julho de 2023. Disponível em: **https://www.dw.com/pt-br/lula-chama-novas-demandas-da-ue-para-o-mercosul-de-amea%C3%A7a/a-66014158**.

EU-MERCOSUR. *EU-Mercosur Joint Instrument*. 2023. Disponível em: **https://friendsoftheearth.eu/wp-content/uploads/2023/03/LEAK-joint-instrument-EU-Mercosur.pdf**.

EU-MERCOSUR. Annex to the Trade and Sustainable Development chapter. *CIRCABC*, 16 de dezembro de 2024. Disponível em: **https://circabc.europa.eu/ui/group/09242a36-a438-40fd-a7af-fe32e36cbd0e/library/19d538eb-d33c-4039-8afa-42dfe7cc66b6/details?download=true%3E.%20Acesso%20em:%2023%20abr.%202025**.

EURONEWS. *Commerce et partenariat stratégique entre l´UE et l´Amérique Latine.* 13 de julho de 2023. Disponível em: **https://fr.euronews.com/my-europe/2023/06/13/commerce-et-partenariat-strategique-entre-lue-et-lamerique-latine.**

EUROPEAN COMMISSION. *Farm to Fork Strategy.* Disponível em: **https://food.ec.europa.eu/horizontal-topics/farm-fork-strategy_en.**

EUROPEAN COMMISSION. *RePower EU.* Disponível em: **https://commission.europa.eu/strategy-and-policy/priorities-2019-2024/european-green-deal/repowereu-affordable-secure-and-sustainable-energy-europe_en.**

EUROPEAN COMMISSION. *EU funding programmes.* Disponível em: **https://commission.europa.eu/funding-tenders/find-funding/eu-funding-programmes_en.**

EUROPEAN COMMISSION. *A intensificação da ação da UE para proteger as florestas a nível mundial.* Bruxelas, 23/07/2019. Disponível em: **https://eur-lex.europa.eu/legal-content/PT/TXT/HTML/?uri=CELEX:52019DC0352.**

EUROPEAN CONSILIUM. *European Green Deal.* Disponível em: **https://www.consilium.europa.eu/en/policies/green-deal/.**

EUROPEAN EXTERNAL ACTION SERVICE (EEAS). *Capítulo Comércio e Desenvolvimento Sustentável Acordo de Livre Comércio Mercosul-UE*, 2024. Disponível em: **https://www.eeas.europa.eu/sites/default/files/2.3._geral_capitulo_cds_portugues_traducao_0.pdf.**

EUROPEAN PARLIAMENT (EP). *Trade and sustainable development in EU free trade agreements*, European Parliamentary Research Service, Nov 2023. Disponível em: **https://www.europarl.europa.eu/RegData/etudes/BRIE/2023/754613/EPRS_BRI(2023)754613_EN.pdf.**

GRABBE, Heather; LEHNE, Stefan. *Climate Politics in a Fragmented Europe.* Carnegie Europe, 18 de dezembro de 2019. Disponível em: **https://carnegieendowment.org/research/2019/12/climate-politics-in-a-fragmented-europe?lang=en&center=europe.**

HARRISON, James; PAULINI, Sophia. *The Trade and Sustainable Development Chapter in the EUMercosur Association Agreement Is it fit for purpose?* ClientEarth, julho de 2020. Disponível em: **https://www.clientearth.org/media/rs5enobx/the-trade-and-sustainable-development-chapter-in-the-eu-mercosur-association-agreement-ext-en.pdf.**

HENLEY, Jon. Many Europeans want climate action but less so if it changes their lifestyle. *The Guardian*, 23 de maio de 2023. Disponível em: **https://www.theguardian.com/environment/2023/may/02/many-europeans-want-climate-action-but-less-so-if-it-changes-their-lifestyle-shows-poll.**

IGINI, Martini. Brazil Urges EU to Postpone and Reassess 'Unilateral' Anti-Deforestation Law Over Fears It Will Affect Trade Relations. *Earth Org*, 13 de setembro de 2024. Disponível em: **https://earth.org/brazil-urges-eu-to-postpone-and-reassess-unilateral-anti-deforestation-law-over-fears-it-will-affect-trade-relations/.**

KATANICH, Doloresz. EU-Mercosur trade deal: Winners and losers in Europe. *EURONEWS*, 19 de novembro de 2024. Disponível em: **https://earth.org/brazil-urges-eu-to-postpone-and-reassess-unilateral-anti-deforestation-law-over-fears-it-will-affect-trade-relations/.**

KETTUNEN, Marianne; BODIN, Eloïse; DAVEY, Ellie; GIONFRA, Susanna; CHARVERIAT; Céline. *An EU Green Deal for trade policy and the environment*: Aligning trade with climate and sustainable development objectives. Heirich Böll Stiftung, IEEP Brussels/London, 2020.

KOUNDOURI, Phoebe; DEVVES, Stathis.; PLATANIOTIS, Angelos. "Alignment of the European Green Deal, the Sustainable Development Goals and the European Semester Process". *In*: *Method and Application: Theoretical Economics Letters*, v. 11, n. 4, 2021, p. 743-770.

LOPES, Cristina Leme; CHIAVARI, Joana; SEGOVIA, Maria Eduarda. Políticas Ambientais Brasileiras e o Novo Regulamento da União Europeia para Produtos Livres de Desmatamento: Oportunidades e Desafios. *Climate Policy Initiative*, 03 de outubro de 2023. Disponível em: **https://www.climatepolicyinitiative.org/pt-br/publication/politicas-ambientais-brasileiras-e-o-novo-regulamento-da-uniao-europeia-para-produtos-livres-de-desmatamento-oportunidades-e-desafios/**.

NOLTE, Detlef; SARAIVA, Miriam Gomes. "Perspectivas do acordo UE-Mercosul e o papel do Brasil". *In*: THEMOTEO, Reinaldo J. (Coord.). *Reavivando e reforçando os diálogos entre Brasil e Europa*. Rio de Janeiro: Konrad Adenauer Stiftung, 2021. p. 49-65.

OBERTHÜR, Sebastian; DUPONT, Claire. "The European Union's international climate leadership: towards a grand climate strategy". *In*: *Journal of European Public Policy*, v. 28, n. 7, 2021, p. 1095-1114.

OBERTHÜR, Sebastian; GROEN, Lisanne. "Explaining goal achievement in international negotiations: The EU and the Paris Agreement on climate change". *In*: *Journal of European Public Policy*, v. 25, n. 5, p. 708–727, 2018.

OLIVEIRA, Susan E. M. C.; VISENTIN, Jaqueline C.; PAVANI, Bruna F.; BRANCO, Paulo D.; MARIA, Marcello; LOYOLA, Rafael. "The European Union-Mercosur Free Trade Agreement as a tool for environmentally sustainable land use Governance". *In*: *Environmental Science and Policy*, v. 161, 2024, p. 1-12.

RITTER, Daniel. Mercosul envia resposta enxuta para acordo de livre comércio com UE. *CNN Brasil*, 14 de setembro de 2023. Disponível em: **https://www.cnnbrasil.com.br/economia/macroeconomia/mercosul-envia-resposta-enxuta-para-acordo-de-livre-comercio-com-ue/**.

RIZZI, Alberto. Open trade, open minds: Why opposing the Mercosur trade deal would hurt the EU. *European Council on Foreing Relations* (ECFR), 9 de dezembro de 2024. Disponível em: **https://ecfr.eu/article/open-trade-open-minds-why-opposing-the-mercosur-trade-deal-would-hurt-the-eu/**.

RODRIGUES, Alex. Mercosul aprova redução de tarifas de importação em 10%. *Agência Brasil*, 21 de julho de 2022. Disponível em: **https://agenciabrasil.ebc.com.br/internacional/noticia/2022-07/mercosul-aprova-reducao-de-tarifas-de-importacao-em-10**.

ROY, Diana. Deforestation of Brazil's Amazon Has Reached a Record High. What's Being Done? *Council on Foreign Relations (CFR)*, 24 de Agosto de 2024. Disponível em: **https://www.cfr.org/in-brief/deforestation-brazils-amazon-has-reached-record-high-whats-being-done**.

SARAIVA, Miriam Gomes; REIS, Ana Paula Marino de Sant'Anna. "Avances y retrocesos del Acuerdo Unión Europea-Mercosur post-Cumbre UE-CELAC". *In*: LATIN AMERICAN STUDIES ASSOCIATION (LASA). *Reacción y resistencia*: Imaginar futuros posibles en las Américas. Sección Europa-América Latina — Section Panel LASA 2024, 2024.

TANEJA, Narenda. "*The EU Green Deal, India and beyond.*" *In*: EYL-MAZZEGA, Marc-Antonie; GHERASIM, Diana Paula (Orgs.). The EU Green Deal External Impacts: Views from China, India, South Africa, Türkiye and the United States Institut Français de Relations Internationales (IFRI), 2024, p. 29-32. Disponível em: **https://www.ifri.org/en/studies/eu-green-deal-external-impacts-views-china-india-south-africa-turkiye-and-united-states**.

TELÒ, Mario. "Introduction. For a new multilateralism: reforming the UN governance through a driving role of the EU". *In*: TELÒ, M. (Org.). *Reforming multilateralism in post-COVID Times*: for a more regionalised, binding and lemigitimate United Nations. Foundation for European Progressive Studies, Brussels, 2020.

TOSUN, Jale. "The European Union´s Climate and Environmental Policy in Times of Geopolitical Crisis". *In*: *Journal of Common Market Studies*, v. 61, n.S1, 2023, p. 14-156.

VAN DER LOO, Guillaume. "'Mixed' feelings about the EU-Mercosur deal: how to leverage it for sustainable development". *In*: *European Policy Center*, 14 de abril de 2021.

VAN RIJ, Armida; BENTON, Tim; BUTLER, Creon; SCHRÖDER, Patrick. How will gains by the far right affect the European Parliament and EU? *Chatham House*, 11 de junho de 2024. Disponível em: **https://www.chathamhouse.org/2024/06/how-will-gains-far-right-affect-european-parliament-and-eu.**

VEIGA, Pedro da Motta; RIOS, Sandra Polónia. "Comércio e Desenvolvimento Sustentável no Acordo Mercosul-EU". *In: Breves Cindes*, n. 136, mar. 2025. Disponível em: **https://climaesociedade.org/wp-content/uploads/2025/04/Breves-136-Comercio-e-DS-no-acordo-Mercosul-UE.pdf.**

VEIGA, Pedro da Motta; RIOS, Sandra Polónia. "Comércio e meio-ambiente: novo cenário internacional e implicações para o Brasil". *In*: *Breves Cindes*, n. 136, outubro, 2020. Disponível em: **https://cindesbrasil.org/wp-content/uploads/2022/05/breves106_comercio_e_meio-ambiente_novo_cenario_internacional_e_implicacoes_para_o_brasil.pdf.**

YOUNGS, Richard. KAMBLI, Namita. Climate Action, Social Justice, and Democracy: Europe's New Trilemma. *Carnegie Endowment International*, 02 de fevereiro de 2023. Disponível em: **https://carnegieendowment.org/research/2023/02/climate-action-social-justice-and-democracy-europes-new-trilemma?lang=en&center=europe.**

WEISE, Zia; CAMUT, Nicolas. Let's kill the Green Deal together, far-right leader urges EU's conservatives. *Político*, 27 de janeiro de 2025. Disponível em: **https://www.politico.eu/article/lets-kill-eu-green-deal-together-france-far-right-leader-tells-center-right-jordan-bardella/**

CAPÍTULO 4

A AGENDA DE MUDANÇA CLIMÁTICA NAS RELAÇÕES UE-BRASIL E AS COMUNIDADES EPISTÊMICAS

Andrea Ribeiro Hoffmann

Introdução

A agenda de mudança climática foi politizada e contestada por vários líderes políticos, a começar pelo presidente dos EUA, Donald Trump, que anunciou a retirada do país do Acordo de Paris em 2019, e novamente após seu retorno à Casa Branca em 2025. O resultado das eleições do Parlamento Europeu em 2024 indicou um 'cansaço' do público europeu em relação às medidas de implementação do Pacto Verde Europeu (em vigor desde 2020), colocando em risco sua implementação. O presidente brasileiro, Jair Bolsonaro, cancelou a oferta para sediar a COP25 em 2019, mas seu sucessor, Luiz Inácio Lula da Silva, voltou a se engajar para sediar a COP30 no Brasil, em novembro de 2025. A falta de consenso político sobre como responder às mudanças climáticas não é um fenômeno isolado, mas sim parte do atual contexto de crise da democracia e do multilateralismo (Summa; Herz, 2024) e contestação da ordem internacional liberal (Lake; Martin; Risse, 2021; Börzel *et al.* 2024). Thompson (2024) argumenta que o regime climático global é uma subordem da ordem internacional liberal. Por um lado, é baseado em regras (tanto no sentido processual quanto substantivo) e multilateral, e tem regras transparentes de tomada de decisão, que dependem da igualdade e do consenso, e regras de adesão abertas e inclusivas, definindo as características institucionais da ordem internacional liberal. No entanto, por outro lado, o regime não está em conformidade com algumas propriedades ideacionais, como mercados abertos e livre comércio e liberdade humana, que são valores centrais desta ordem. De fato, como será discutido a seguir, a partir de uma perspectiva da 'política social global', a agenda do enfrentamento às mudanças climáticas pode impor condições sob as quais o livre comércio deve ocorrer e exigir avaliações sociais e ambientais de impacto, mesmo que os Estados mantenham seus compromissos vinculantes de redução de emissões, mantendo-se soberanos na determinação dos meios no âmbito nacional.

Este capítulo analisa a agenda das mudanças climáticas das relações entre União Europeia e Brasil (UE-Brasil), levando em consideração tanto o nível das relações da UE com o Mercado Comum do Sul (UE-Mercosul) quanto em relação à Parceria Especial UE-Brasil. O capítulo privilegia duas literaturas: políticas sociais globais (Deacon *et al.* 2010) e comunidades epistêmicas (Haas, 1992). A literatura de políticas sociais globais é utilizada para mapear a agenda climática, e a de comunidades epistêmicas contribui para a reflexão sobre possíveis limitações dessa agenda. A fim de contextualizar a cooperação inter-regional e bilateral, o capítulo também analisa a agenda regional da América Latina e Caribe de mudanças climáticas, com base no mesmo quadro analítico. O capítulo está estruturado da seguinte forma: a próxima seção mapeia os compromissos no nível da América Latina e Caribe com base em uma tipologia derivada da literatura de políticas sociais globais, incluindo tanto organizações tradicionais de integração regional, quanto outros espaços multilaterais regionais com mandatos em mudança climática e que têm sido dinâmicos nos últimos anos, como a Organização do Tratado de Cooperação Amazônica (OTCA), o Acordo Regional sobre Acesso à

Informação, e o Acordo de Escazú (Acordo da Participação Pública e Acesso à Justiça em Assuntos Ambientais na América Latina e no Caribe). A terceira seção analisa a agenda de mudanças climáticas da Parceria Especial UE-Mercosul e UE-Brasil. A seção final discute o papel das comunidades epistêmicas na cooperação no âmbito da mudança climática. Por fim, traçamos algumas considerações finais.

Mudanças climáticas, políticas sociais globais e os quatro eixos de cooperação

A literatura de políticas sociais globais oferece uma perspectiva analítica que nos permite entender a contribuição da cooperação regional e internacional para o combate das mudanças climáticas a partir da análise dos compromissos assumidos pelos Estados e outros atores com objetivo de transformar o *status quo*. As políticas sociais podem ser definidas como "medidas que afetam o bem-estar das pessoas, seja por meio da prestação de serviços de bem-estar ou por meio de políticas que impactam os meios de subsistência em geral" (Hall; Midgley, 2004, p. xv). Tais políticas são tradicionalmente estudadas no âmbito da política comparada (doméstica) (Surender; Walker, 2013) ou em nível global, principalmente quando são abordadas instituições funcionais do sistema das Nações Unidas (ONU), por exemplo. Apesar da intensificação da cooperação regional e inter-regional desde o final da década de 1980, ainda existem poucas pesquisas que analisam a expansão, difusão e importância dos processos de regulação social que ocorrem nesses níveis de governança. As organizações de integração regional, com exceção da UE, têm sido ignoradas na literatura sobre política social (Bianculli; Ribeiro Hoffmann, 2016).

Este capítulo parte da literatura de políticas sociais globais para mapear e avaliar como as organizações regionais e instituições multilaterais, incluindo a cooperação inter-regional UE-Mercosul e a cooperação bilateral UE-Brasil, contribuíram para a regulamentação e provisão de políticas sociais na área de mudanças climáticas. A literatura de política social global foi desenvolvida por Bob Deacon e colaboradores (Deacon *et al.* 2007; Deacon *et al.* 2010; Yeates; Deacon, 2010; Yeates, 2014). A definição dos quatro eixos das políticas sociais que eles desenvolveram é particularmente útil para este trabalho pois eles podem ser usados como indicadores para comparar e avaliar os compromissos adotados nos níveis de governança regional, birregional ou bilateral. Os quatro eixos são: mecanismos de redistribuição social, regulamentações sociais, direitos sociais e cooperação intergovernamental. Em primeiro lugar, os mecanismos de redistribuição social incluem bancos e fundos regionais e de terceiros. Em segundo lugar, as regulamentações podem incluir o estabelecimento de padrões para evitar o nivelamento por baixo de regulamentação (*race to the bottom*) e a regulamentação de serviços privados. Em terceiro lugar, acordos formais, tratados e os sistemas jurídicos podem conscientizar a população e empresas, e garantir o acesso aos direitos sociais. Finalmente, a cooperação intergovernamental inclui uma série de iniciativas, como cooperação técnica, capacitação, harmonização de políticas e regulamentos, reconhecimento mútuo de diplomas educacionais e direitos de seguridade social, que podem ocorrer fora das instituições formais das organizações regionais ou foros formais inter-regionais (UE-Mercosul) ou da parceria estratégica UE-Brasil.

Agenda de mudança climática no regionalismo latino-americano e os quatro eixos das políticas sociais globais

Em um trabalho anterior (Ribeiro Hoffmann, 2024) analisei a agenda de mudanças climáticas da Comunidade de Estados Latino-Americanos e Caribenhos (CELAC), do Mercosul, da União de Nações Sul-Americanas (Unasul) e o Fórum para o Progresso e Integração da América do Sul (Prosul). A análise traz o argumento que essas organizações de integração não possuem estruturas legais e institucionais robustas na área de mudança climática, apesar de uma certa variação em termos de mecanismos e enfoques; além disso elas tiveram efeitos negativos na agenda de mudança climática, devido aos seus conceitos subjacentes de desenvolvimento e atividades econômicas relacionadas.

As organizações regionais criadas na primeira onda do regionalismo, como o Mercosul, e pós-maré rosa, como a Prosul, têm uma agenda pró-livre comércio e não incluíram avaliações de impacto (socio)ambiental e mecanismos de mitigação em sua normativa original. Apesar da inclusão gradual de compromissos em vários subtemas, como discutido abaixo, a mudança climática (ainda) é enquadrada como tema secundário à liberalização do comércio nessas organizações e, portanto, elas acabaram por ter efeitos negativos na agenda de mudanças climáticas. Organizações criadas durante a maré rosa e os períodos pós-liberal e pós-hegemônico, como a Unasul, e o, na ocasião, renovado 'Mercosul Social'[1] adotaram abordagens alternativas ou complementares à liberalização comercial para o

1. O termo 'Mercosul Social' se refere à mudança do perfil da organização que passou a incluir políticas sociais e um engajamento com atores sociais no processo de integração (Silva; Martins, 2015).

desenvolvimento, mas o foco em grandes projetos de infraestrutura sem mecanismos eficazes para mitigar impactos socioambientais também incorreu em efeitos negativos para a agenda climática.

Por fim, a CELAC incluiu referências a compromissos globais, como os Objetivos de Desenvolvimento Sustentável, a Agenda 2030 e o Acordo de Paris. Embora essa organização tenha um caráter intergovernamental, logo sem normas e mecanismos vinculantes, ela pode desempenhar um papel importante no estabelecimento de consensos na região e com seus parceiros externos, o que pode ser particularmente importante no atual contexto de crise do multilateralismo em nível global. Conforme declarado em seu mais recente Plano de Ação, a CELAC incentiva as sinergias entre os diferentes fóruns regionais, como o Fórum de Ministros do Meio Ambiente da América Latina e do Caribe e o Subgrupo de Trabalho sobre Meio Ambiente do Mercosul (SGT6). O Fórum de Ministros do Meio Ambiente da América Latina e do Caribe foi criado em 1982 e é realizado a cada dois anos. O Fórum não ocorre no contexto de uma organização regional, mas é considerado o encontro mais representativo e político da região e trabalha em estreita colaboração com o Programa das Nações Unidas para o Meio Ambiente (PNUMA).

Outras instituições multilaterais relevantes na região, não analisadas no trabalho anterior e aqui incluídas, são a Organização do Tratado de Cooperação Amazônica (OTCA) e o Acordo Regional sobre Acesso à Informação, Participação Pública e Acesso à Justiça em Assuntos Ambientais na América Latina e no Caribe (Acordo de Escazú). A OTCA foi criada em 1995 para institucionalizar o Tratado de Cooperação Amazônica concluído em 1978, e após anos de pouco dinamismo, foi revitalizada com a realização da X Cúpula de Presidentes, em agosto de 2023, sob liderança do Presidente Lula, com vistas a articulações para realização da COP30 em novembro de 2025 no Brasil. O Acordo de Escazú, nome da cidade na Costa Rica onde foi concluído, em 2018, não foi elaborado no contexto de uma organização de integração regional, mas é um acordo regional multilateral aberto a todos os países da América Latina e Caribe, com o apoio técnico da Secretaria da Comissão Economia para América Latina e Caribe das Nações Unidas (CEPAL). O acordo entrou em vigor em 2021, e embora o Brasil ainda não o tenha ratificado, existem movimentos demandando para sua ratificação no país (Presidência da República, s.d.).

REDISTRIBUIÇÃO

Apesar da falta de prioridade do tema da mudança climática na agenda regional, ainda assim, algumas iniciativas podem ser identificadas, e elas são analisadas abaixo seguindo a tipologia desenvolvida por Deacon (2007), a saber: mecanismos de redistribuição; regulamentos; direitos; cooperação intergovernamental.[2] O primeiro tipo de mecanismo são os mecanismos de redistribuição. Várias organizações regionais latino-americanas criaram bancos regionais, tais como o CAF, originalmente Fundo de Fomento da Comunidade Andina e atual Banco de Desenvolvimento da América Latina, cobrindo toda a região, e o Fundo para a Convergência Estrutural do Mercosul (FOCEM). O CAF tem como objetivo principal a promoção do desenvolvimento sustentável e pretende ser o banco verde da região; além disso, inclui critérios de ecoeficiência e sustentabilidade em todas as suas operações (CAF, 2024). Os projetos do FOCEM aprovados e em curso enquadram-se nos seguintes programas: transporte de energia elétrica, saneamento e acesso à água potável, construção e reabilitação de estradas e ferrovias, habitação, melhoria das infraestruturas educativas com a remodelação de escolas e laboratórios de edifícios, incentivos à competitividade, setores produtivos, parcerias e investigação científica (FOCEM, 2023). Apesar da relação de

---

2. Esta análise atualiza pesquisa publicada anteriormente (Ribeiro Hoffmann, 2025).

algumas dessas áreas com as mudanças climáticas, não há uma priorização, como no caso do CAF.

REGULAMENTAÇÃO

O segundo tipo de mecanismos das políticas sociais globais são as regulamentações. Como visto acima, as organizações regionais criadas na primeira onda de regionalismo, como o Mercosul, e pós-maré rosa, como o Prosul, têm uma agenda que prioriza o livre comércio e não incluíram avaliações de impacto (socio)ambiental e mecanismos de mitigação em sua normativa original. A agenda de infraestrutura promovida pelo Mercosul, pela Integração Regional de Infraestrutura na América do Sul (IIRSA) e pela Unasul no contexto do regionalismo pós-hegemônico também não previu tais mecanismos, mas essas organizações criaram algumas normas e instituições relacionadas às mudanças climáticas ao longo dos anos.

No caso do Mercosul, os compromissos do Tratado de Assunção (Acordo que estabelece o Mercosul, em 1991) são muito gerais, demandando a 'meta de alcançar o desenvolvimento econômico com justiça social', 'incluindo a preservação do meio ambiente'. A Declaração de Canela de 1992 e a Declaração de Taranco de 1995 orientam a coordenação de posições dos Estados-membros em foros multilaterais. Em 2001 foi aprovado o Acordo Marco sobre Meio Ambiente, que visa harmonizar normas, adotar medidas comuns e aprimorar a cooperação e assistência mútua em emergências ambientais (entrou em vigor em 2004). Em 2003 foi estabelecida a Reunião Ministerial para Assuntos do Meio Ambiente e Climáticos, cujos encontros discutem posições externas conjuntas no sistema multilateral, harmonização e regulamentações comuns. Em 2004 foi concluído o Protocolo Adicional ao Acordo Quadro sobre Meio Ambiente em matéria de Cooperação e Assistência ante Emergências Ambientais, que busca promover a cooperação entre os países reconhecendo a necessidade de proteger, de maneira especial, setores mais pobres da região, os mais afetados pela degradação ambiental e mais prejudicados em casos de emergências ambientais (entrou em vigor em 2012).[3] A Prosul acrescentou o combate à mudança climática como um dos seus principais objetivos e adotou um Plano Setorial em 2021, mas sua implementação foi afetada pela polarização e fragmentação na região, agravado pela pandemia de covid-19, que também atingiram as outras organizações regionais. A OTCA tem uma agenda forte sobre os temas de desmatamento, mineração ilegal, produção de petróleo e proteção de povos indígenas e comunidades locais na região com efeito direto nas mudanças climáticas (Folly *et al.* 2024). Além disso, há uma discussão sobre a criação de metas conjuntas regionais para estimular a entrega de Contribuições Nacionalmente Determinadas (NDCs) mais ambiciosas, assim como um plano de mitigação com regulamentações comuns, mas sem caráter vinculante.

DIREITOS

O terceiro tipo de mecanismo das políticas sociais globais se operam pela proposição de direitos. As organizações regionais latino-americanas não incorporaram uma abordagem baseada em direitos para o meio ambiente e as mudanças climáticas, ao contrário, por exemplo, do caso da saúde na Unasul. No entanto, discussões sobre esses temas têm ocorrido, principalmente impulsionadas por países como o Equador, que incluiu os direitos da natureza em sua constituição de 2008. Uma iniciativa que tem promovido uma abordagem baseada em direitos é o Acordo de Escazú, que visa proporcionar pleno acesso público a informações ambientais, tomada de decisões ambientais e proteção legal e recursos em matéria ambiental. Também reconhece

3. Para mais detalhes, *cf.* **https://www.mercosur.int/pt-br/temas/sistema-de-informacao-ambiental-do-mercosul-siam/.**

o direito das gerações atuais e futuras a um meio ambiente saudável e ao desenvolvimento sustentável, e é o primeiro no mundo a incluir disposições sobre os direitos dos defensores do meio ambiente, particularmente relevantes, dado que a região tem um maior número de assassinatos de defensores do meio ambiente no mundo, principalmente Colômbia e Brasil (Global Witness, 2023). Outro exemplo é o papel dos tribunais regionais de direitos humanos, como a Corte Interamericana de Direitos Humanos, que ampliou a jurisprudência em questões relacionadas aos direitos de propriedade dos povos indígenas sobre suas terras, territórios e recursos naturais tradicionais, com vínculo direto (positivo) com a proteção da sociobiodiversidade e das florestas (Fuentes 2023).

COOPERAÇÃO INTERGOVERNAMENTAL

O quarto tipo de mecanismo das políticas sociais globais é a cooperação intergovernamental. Como visto acima, as organizações e instituições regionais da América Latina e Caribe têm promovido iniciativas de cooperação técnica e capacitação. Essa cooperação ocorre em várias instâncias, tais como através do apoio da CEPAL ao Acordo de Escazú, e do apoio aos projetos da OTCA, que incluem, por exemplo, a capacitação de técnicos dos Estados-membros das agências de água, e a estruturação de uma rede de monitoramento da informação sobre a qualidade da água. Outros exemplos são a cooperação científica e as atividades promovidas pelo Fórum de Ministros do Meio Ambiente da América Latina e do Caribe, que foi criado em 1982 no contexto do PNUMA, e conecta as agendas ambientais regionais e globais (Tokatlian *et al.* 2023).

Agenda UE-Brasil para a mudança climática e os quatro eixos das políticas sociais globais

As relações UE-Brasil são avaliadas neste capítulo em dois níveis: Parceria Especial UE-Brasil e o Acordo UE-Mercosul e atualiza pesquisa anterior de minha autoria, conforme mencionado acima (Ribeiro Hoffmann, 2025). O desenvolvimento sustentável e as mudanças climáticas estão na agenda da Parceria Estratégica Brasil-UE desde a sua criação, conforme indicado nos documentos aprovados pelas Cúpulas entre Chefes de Estado e de Governo. No entanto, os compromissos assumidos nessas cúpulas são apenas declaratórios, ou seja, são limitados. Outra limitação é que as Cúpulas foram interrompidas em 2014, e a parceria só foi revitalizada em 2023, ou seja, há instabilidades ou interrupções dessa parceria. A Parceria Estratégica tem sido avaliada como aquém de seu potencial (Ferreira-Pereira, 2021), mas nela existe uma agenda climática.

De acordo com Pavese (2018), a cooperação na área climática foi abordada de forma prioritária, e é estruturada em três níveis: nível governamental bilateral, de assistência técnica da UE ao Brasil, e no âmbito dos atores não governamentais. O resultado mais significativo da Parceria foi a aprovação de dois Planos de Ação Conjuntos, pois apesar de não serem vinculantes, são pelo menos compromissos simbólicos de prosseguir o caminho para uma parceria estratégica. Os dois Planos de Ação Conjuntos (2008-2011 e 2012-2014) apresentam uma visão conjunta sobre a governança climática e reforçam o interesse mútuo em colaborar nas negociações multilaterais sobre o clima. Ambos os planos indicam uma série de ações de cooperação, com forte ênfase no combate à desflorestação, transição para energias renováveis e fomento a eficiência energética. Uma vez que esses temas específicos abrangem as principais fontes de emissões de gases efeito estufa da UE e do Brasil, a Parceria Estratégica tem potencial para gerar ganhos com a cooperação bilateral para ambas as partes. No entanto, como Pavese destaca (2018), tudo depende da implementação das ações, e nesse sentido, a Parceria Estratégica tem produzido resultados mistos. A inclusão da sociedade civil foi um dos elementos mais dinâmicos e inovadores da Parceria, pois entre 2008 e 2016 foram realizadas 228 ações de diálogo, que foram avaliadas como pragmáticas e geraram trocas de melhores práticas (Pavese, 2018).

Além da Parceria Estratégica, o Brasil coopera com a UE através do Acordo UE-Mercosul, e este acordo incluiu compromissos ambientais. O texto do acordo finalizado em 2019 incluiu no seu item 14 que: "A premissa básica é que o aumento do comércio não deve ser alcançado às custas do meio ambiente ou das condições de trabalho. Pelo contrário, deve promover o desenvolvimento sustentável" (Governo Federal, s. d.). O acordo foi negociado e concluído durante o governo do presidente de extrema-direita Bolsonaro, que adotou uma retórica de negação da mudança climática e desmantelou políticas e instituições ambientais nacionais, de modo que a inclusão de compromissos climáticos no Acordo foi controversa, especialmente aqueles relacionados ao combate ao desmatamento e à promoção da responsabilidade social corporativa. O tratamento das questões ambientais no sistema de resolução de controvérsias proposto no Acordo foi igualmente controverso. O mecanismo geral previsto era a arbitragem, a ser acionada em caso de fracasso das consultas e da mediação; no entanto, foi estabelecido um mecanismo específico no capítulo sobre comércio e desenvolvimento sustentável, que previa apenas consultas e, em caso de fracasso, análises e recomendações não vinculativas por um painel de três peritos. Ou seja, foi estabelecido um mecanismo mais fraco de solução de controvérsias que foi criticado por ativistas da sociedade civil e partidos verdes no Parlamento Europeu (Ribeiro Hoffmann, 2022). O texto foi renegociado durante o governo Lula da Silva e as negociações finalizaram em dezembro de 2024. A conclusão do acordo foi anunciada na 65ª Cúpula de Chefes de Estado do Mercosul, em Montevidéu, no dia 6 de dezembro, mas ainda não foi ratificado. Uma das principais mudanças que constou do documento final do Acordo se relaciona ao tema do meio ambiente e mudança climática, que foi tratado em um novo anexo ao Capítulo sobre Comércio e Desenvolvimento Sustentável, conforme nota divulgada pelo governo brasileiro:

> Com vistas a promover o comércio internacional e, ao mesmo tempo, contribuir para o desenvolvimento sustentável, MERCOSUL e União Europeia negociaram um Anexo ao Capítulo sobre Comércio e Desenvolvimento Sustentável. Ao mesmo tempo em que reforçam seus compromissos ambientais, as Partes rechaçam barreiras desnecessárias ao comércio. O Anexo inclui dispositivos a respeito de regimes multilaterais ambientais e trabalhistas; relação entre comércio, investimentos e o desenvolvimento sustentável; comércio e empoderamento feminino; e cooperação. No Anexo, MERCOSUL e UE acordaram uma série de compromissos de proteção ao meio-ambiente e de promoção do trabalho decente. Há previsão de cooperação na implementação de relevantes acordos multilaterais, como a Convenção-Quadro das Nações Unidas sobre a Mudança do Clima (UNFCCC), o Acordo de Paris, a Convenção sobre Diversidade Biológica (CBD) e Convenções da Organização Internacional do Trabalho (OIT). MERCOSUL e UE acordaram também adotar ações para a promoção de produtos sustentáveis no comércio birregional, promovendo oportunidades para pequenos produtores, cooperativas, povos indígenas e comunidades locais. O novo Anexo também conta com seção dedicada à promoção de cadeias de valor sustentáveis para a transição energética. Ademais, pela primeira vez, um acordo comercial do MERCOSUL contará com dispositivos sobre comércio e empoderamento feminino, com vistas a favorecer a cooperação e troca de melhores práticas em políticas que promovam a participação das mulheres no comércio internacional (Governo Federal, s. d.)

Uma questão que permanece controversa nas relações bilaterais são os regulamentos internos da UE, que têm efeito extraterritorial, uma vez que são impostos nas suas negociações internacionais. É o caso do Mecanismo de Ajustamento Carbônico Fronteiriço (CBAM) e do Regulamento Livre de Desflorestação (EUDR, sigla em inglês), que impõe a rastreabilidade e a transparência de cadeias de produção de *commodities* comercializadas dentro do Mercado Único Europeu e entre a UE e países terceiros. O CBAM está sendo implementado em período transitório de 01/10/2023 a 31/12/2025, e a partir de 2026, na íntegra. A aplicação do EUDR foi adiada para 30 de dezembro de 2025 para grandes empresas e julho de 2026 para pequenas e medias empresas.

Apesar de sua inegável contribuição para a redução de emissões, essas regulamentações enfrentam oposição do governo brasileiro devido a percepção de desrespeito à soberania. A legislação tem legitimidade na UE, uma vez que foi deliberada e aprovada em processos decisórios democráticos. No entanto, as populações de países terceiros não participam nesses processos e, portanto, sua legitimidade e o respeito da soberania são questionados. Do lado europeu, os defensores da regulamentação argumentam que, em termos substantivos, os compromissos já foram assumidos em nível internacional, com a anuência do governo brasileiro. Além disso, há falta de consenso sobre quem deve arcar com os custos dos ajustes no processo de implementação da regulamentação. O governo brasileiro defende que os custos devem ser distribuídos de forma a reduzir as assimetrias históricas entre os países que industrializaram primeiro, conforme proposto no conceito de Responsabilidades Comuns, Mas Diferenciadas (CBDRs); e há também a questão interseccional da justiça climática em relação ao impacto nas populações historicamente marginalizadas (Della Porta; Parks 2014).

Já foi visto acima que o CBAM e o EUDR foram contestados pelo Brasil devido à sua natureza unilateral, ou seja, devido às imposições europeias ao cumprimento extraterritorial de suas normas. No entanto, a renovação da Parceria e dos diálogos setoriais, bem como a reabertura das negociações do Acordo UE-Mercosul, os trouxe para espaços multilaterais nos quais outras especificações podem ser negociadas, como cronograma de implementação e exceções. O adiamento da implementação do EUDR é um exemplo. Quanto ao segundo mecanismo das políticas sociais globais, direitos, não existem compromissos bilaterais e birregionais e, como também mencionado, até mesmo o mecanismo de solução de controvérsias é o da mediação, portanto, os mecanismos legais formais são ausentes. O terceiro mecanismo, a cooperação intergovernamental, é presente pois há cooperação técnica e diálogos setoriais como analisado acima.

Finalmente, no caso dos mecanismos distributivos, podem ser mencionadas várias iniciativas, como a contribuição da UE para o Fundo Amazônia, o financiamento do Banco Europeu de Investimento e do Banco Europeu de Desenvolvimento, e os projetos no âmbito dos programas AL-INVEST VERDE, EUROCLIMA+ e Amazon+, vários dos quais com recursos do *Global Gateway*. Os projetos executados no âmbito desses três programas incluem a transferência de recursos e, em alguns casos, também a cooperação técnica. Os projetos vigentes no Brasil estão disponíveis no site da Embaixada Europeia em Brasília e são listados abaixo. No âmbito do AL-INVEST VERDE, existem nove projetos: 1) Economia circular no triângulo mineiro; 2) Ancorar cadeias de valor sustentáveis no Brasil; 3) Melhorar a rastreabilidade, o acompanhamento e a transparência nas cadeias de abastecimento de riscos florestais; 4) Parceria UE-Brasil (rastreabilidade da cadeia da carne e do couro); 5) As MPMEs ficam verdes; 6) Moda regenerativa e circular; 7) Arábica; 8) Cultivo sustentável de cacau de espécies nativas da Amazônia em Rondônia; e 9) Rota Turística: o novo ouro da Serra Pelada. O conteúdo desses projetos pode ser consultado no sítio Web do projeto, mas só depois de concluídos será possível analisar o seu impacto real. No caso do EUROCLIMA+, foi identificado um projeto que elaborou uma revisão da implementação das NDCs de 18 países da América Latina e do Caribe, incluindo o Brasil (Stevenson 2023,). O Amazon+ inclui todos os países da Bacia Amazônica e totaliza 35 milhões de euros a serem implementados por três parceiros (AICS, FIIAPP e Expertise France). No caso do Brasil, o foco está no apoio à materialização de políticas que promovam uma economia sustentável de base biológica na Amazônia brasileira.

Outro exemplo é o Memorando de Entendimento entre o Banco Europeu de Investimento (BEI) e o Banco Nacional de Desenvolvimento (BNDES), concluído durante a COP28 em Dubai para a implementação de projetos conjuntos que incluem o setor ambiental e social na região amazônica. Por último, a estratégia *Global Gateway* representa uma nova forma de cooperação na política externa da UE, uma vez que os projetos financiados devem estar diretamente ligados a investimentos, que podem ser públicos ou privados, e incluir uma componente geopolítica de concorrência com a presença chinesa nos países em questão. No caso da América Latina, a 'transição verde justa' é uma das prioridades, e o site da Delegação Europeia no Brasil lista as iniciativas emblemáticas do *Global Gateway* no país, mas ainda é cedo para analisar esse mecanismo.[4]

A agenda climática e as comunidades epistêmicas

Um conceito relevante para entender a agenda de mudanças climáticas nas instituições multilaterais da ALC são as comunidades epistêmicas, um conceito desenvolvido por Peter Haas para analisar o regime global de mudanças climáticas.

---

4. Para mais detalhes sobre o tema, *cf.* **https://www.eeas.europa.eu/delegations/brazil/global-gateway_en?s=191**; e **https://international-partnerships.ec.europa.eu/policies/global-gateway/eu-lac-global-gateway-investment-agenda_en**.

> As comunidades epistêmicas são definidas como redes de comunidades baseadas no conhecimento com uma reivindicação autoritária de conhecimento relevante para políticas dentro de seus domínios de especialização. Seus membros compartilham conhecimento sobre relações causa-efeito de fenômenos sociais ou físicos em uma área temática na qual têm reputação de possuir competência, bem como um conjunto comum de crenças normativas sobre quais ações beneficiarão o bem-estar humano em tal domínio (Haas, 2015, p. 4-5, tradução da autora).

Ainda de acordo com Haas, as comunidades epistêmicas são frequentemente interdisciplinares, e seus membros devem compartilhar crenças baseadas em princípios e relações causais que forneçam justificativas para orientar a ação social e alcançar resultados desejados. Além disso, os membros das comunidades epistêmicas devem ter noções comuns de validade do conhecimento, e se empenhar em causas políticas conjuntas (*advocacy*).

O regime de mudança climática foi em grande medida uma conquista da comunidade epistêmica climática, que praticamente se confunde atualmente com o Painel Intergovernamental sobre Mudanças Climáticas (IPCC) (Haas, 2016; Maliniak; Parajon; Powers, 2021; Domingues, 2023). Como consta no seu site:

> Criado em 1988 pela Organização Meteorológica Mundial (OMM) e pelo Programa das Nações Unidas para o Meio Ambiente (PNUMA), o objetivo do IPCC é fornecer aos governos de todos os níveis informações científicas que possam usar para desenvolver políticas climáticas. Os relatórios do IPCC também são uma contribuição fundamental para as negociações internacionais sobre mudanças climáticas. O IPCC é uma organização de governos que são membros das Nações Unidas ou da OMM. O IPCC tem atualmente 195 membros. Milhares de pessoas de todo o mundo contribuem para o trabalho do IPCC. Para os relatórios de

> avaliação, especialistas oferecem seu tempo como autores do IPCC para avaliar os milhares de artigos científicos publicados a cada ano para fornecer um resumo abrangente do que se sabe sobre os impulsionadores das mudanças climáticas, seus impactos e riscos futuros, e como a adaptação e a mitigação podem reduzir esses riscos. Uma revisão aberta e transparente por especialistas e governos ao redor do mundo é uma parte essencial do processo do IPCC, para garantir uma avaliação objetiva e completa e para refletir uma gama diversificada de pontos de vista e conhecimentos. Por meio de suas avaliações, o IPCC identifica a força do acordo científico em diferentes áreas e indica onde mais pesquisas são necessárias. O IPCC não realiza suas próprias pesquisas. O IPCC é dividido em três Grupos de Trabalho e uma Força-Tarefa. O Grupo de Trabalho I lida com a Base da Ciência Física das Mudanças Climáticas, o Grupo de Trabalho II com Impactos das Mudanças Climáticas, Adaptação e Vulnerabilidade e o Grupo de Trabalho III com Mitigação das Mudanças Climáticas. O principal objetivo da Força-Tarefa sobre Inventários Nacionais de Gases de Efeito Estufa é desenvolver e refinar uma metodologia para o cálculo e relato das emissões e remoções nacionais de gases de efeito estufa (IPCC, s. d., tradução da autora).

Stuhldreher (2012) argumenta que a ausência de comunidades epistêmicas tem sido um problema para a incorporação de uma forte agenda de mudanças climáticas no Mercosul: "Fora da academia, o meio ambiente muitas vezes carecia de voz própria, ao contrário dos interesses econômicos e sociais expressos pelo setor privado, sindicatos ou outras organizações sociais representadas nos parlamentos" (Stuhldreher, 2012, p. 200). Ela também chama a atenção para a falta de liderança clara do Brasil ou da Argentina, dado o papel poderoso dos setores do agronegócio nesses países, apesar de terem sociedades civis robustas:

> O caso do Brasil é particularmente interessante, pois explicita seus próprios conflitos em torno da soberania nacional e do poder do Estado de dispor dos recursos naturais para sustentar o desenvolvimento econômico de um lado, e a corresponsabilidade global em questões ambientais mobilizada especialmente em torno da Amazônia, de outro. Os paradoxos enfrentados pelo Estado brasileiro são evidentes aqui: quanto mais ele busca se apresentar como uma potência com liderança regional, maiores são as expectativas da comunidade internacional para que o país seja confrontado com a necessidade de assumir um papel pioneiro na América do Sul e de cumprir os padrões ecológicos e sociais (Stuhldreher 2012, p. 201).

Neste capítulo busco identificar a existência de comunidades epistêmicas não apenas no regionalismo latino-americano, mas nas relações entre a União Europeia e o Mercosul, assim como com o Brasil.

Os diálogos setoriais no campo climático, assim como a cooperação transnacional em ciência e tecnologia — que envolve instituições acadêmicas, *think tanks*, ONGs e outros atores sociais, frequentemente com cofinanciamento da UE, como nos projetos *Horizon Plus* e nas iniciativas Marie Curie e Jean Monnet — representam formas relevantes de construção de conhecimento compartilhado e de potenciais consensos nos âmbitos birregional e bilateral. Essas iniciativas podem contribuir, ainda que de forma incipiente, para a consolidação e ampliação de comunidades epistêmicas globais, fortalecendo, assim, a agenda climática nas relações entre Brasil e UE. Esse não é o único fator explicativo da agenda climática. Outros fatores, tais como a existência de lobbies e atores 'obstrucionistas' contra essa agenda, como é o caso do agronegócio e o setor do petróleo, além do negacionismo e dos circuitos de negação, ou seja, situações em que há o reconhecimento das mudanças climáticas, mas respostas ineficazes para mitigá-la continuam sendo repetidas (Edwards *et al.* 2023; De Campos Mello, 2024; Sandrin, 2024). O argumento deste capítulo é, desta forma, complementar a essas análises dadas que, por um lado, há uma forte pressão contra a agenda, e por outro, não há pressão ao mesmo nível por parte de comunidades epistêmicas ou outros atores sociais para fortalecer a agenda climática regional e nas relações UE-Brasil, diferentemente do que ocorreu no âmbito global, que conta com diversos *experts*, tais como Carlos Nobre, Isabela Teixeira, Ana Toni, entre outros.

Considerações finais

Este capítulo analisou a agenda multilateral climática no contexto das relações entre o Brasil e a UE. Com esse objetivo, foi analisada a agenda climática multilateral na América Latina, incluindo o Mercosul, e, posteriormente, a agenda nas relações entre a UE e o Mercosul, e a Parceira Estratégica UE-Brasil. A agenda climática, nesses níveis de cooperação e governança, foi mapeada com base em uma tipologia que conceitualiza a agenda climática a partir da perspectiva de políticas sociais globais (mecanismos redistributivos, regulamentos, direitos e cooperação intergovernamental), e, posteriormente, foi refletido até que ponto as limitações dessas agendas podem ser explicadas pela ausência de comunidades epistêmicas.

Apesar de reafirmarem seu compromisso com o regime global climático e seus valores compartilhados, o que inclui o comprometimento com o desenvolvimento sustentável e combate à mudança climática, Brasil e UE encontram-se em uma encruzilhada no contexto global geopolítico e disputa hegemônica entre Estados Unidos e China. Se, por um lado, esse contexto parecia favorecer a intensificação da cooperação, não apenas no campo climático, mas também como forma de fortalecer o multilateralismo, por outro lado, persistem divergências sobre responsabilidades no contexto do financiamento climático e de mecanismos de implementação de medidas, tais como as regulações de efeitos extraterritoriais da União Europeia. A participação do Brasil nos BRICS, agora alargado, ainda complexifica mais a parceria, dada a presença da Rússia no bloco.

Além da conjuntura global, interesses específicos em ambos os lados se somam às dificuldades, tais como lobbies do agronegócio e o setor petrolífero, além do negacionismo climático e os 'circuitos de negação', que são as redes que promovem o negacionismo. Embora a análise das comunidades epistêmicas realizada neste capítulo tenha sido preliminar, foi argumentado que, mesmo não sendo um fator decisivo, seu maior engajamento poderia oferecer um caminho para o fortalecimento da agenda climática na América Latina, no Mercosul, assim como suas relações com a UE e desta com o Brasil. Os diálogos setoriais UE-Brasil e a cooperação em ciência e tecnologia são espaços que fomentam o intercâmbio e trocas entre academia, *think tanks*, ONGs, movimentos sociais e comunidades locais e indígenas. Esses espaços de diálogo colaboram na produção de conhecimento, ampliando a noção e a presença de *experts* na formulação de políticas com criatividade, representatividade, pluralismo e, portanto, legitimidade, de forma a contornar os desafios contemporâneos e evitar que a conjuntura atual conduza todos a pontos de não-retorno, científica e simbolicamente.

BIANCULLI, A. C.; RIBEIRO HOFFMANN, A (Eds.). *Regional organizations and social policy in Europe and Latin America*: A space for social citizenship?. Berlin: Springer, 2016.

BÖRZEL, T. A.; GERSCHEWSKI, J.; ZUERN, M. "Introduction: The Liberal Script at the Beginning of the 21st century". *In*: *The Liberal Script at the Beginning of the 21st Century*: Conceptions, Components, and Tensions. Oxford: Oxford University Press. 2024, p. 1-22.

BRASIL. Acordo de Parceria entre Mercosul e União Europeia. *Siscomex*, 2022. Disponível em: **https://www.gov.br/siscomex/pt-br/acordos-comerciais/acordos-comerciais/mercosul-uniao-europeia**.

BRASIL. *CTICC emite documento de manifestação de apoio à ratificação do Acordo de Escazú pelo Congresso Nacional.* (s.d.) Disponível em: **https://www.gov.br/cgu/pt-br/assuntos/noticias/2025/06/cticc-emite-documento-de-manifestacao-de-apoio-a-ratificacao-do-acordo-de-escazu-pelo-congresso-nacional**. Acesso em 03 de agosto de 2025.

CAMPOS MELLO, Flávia de. "Antiambientalismos. Direita radical e governança internacional". *In*: SUMMA, G.; HERZ, M. (Eds.) *Multilateralismo na mira. A direita radical no Brasil e na América Latina*. Rio de Janeiro: Hucitec, 2024.

DEACON, B. *Global social policy and governance*. New York: Sage, 2007.

DELLA PORTA, D.; PARKS, L. "Framing Processes in the Climate Movement: From climate change to climate justice". *In*: DIETZ, Matthias; GARRELTS, Heiko. (Eds.) *Routledge handbook of the climate change movement*. Abingdon: Routledge, 2014, p. 19-30.

DOMINGUES, J.M. "Climate Change and Its Lexicon: An Analytical and Critical View". *In*: *International Journal of Politics, Culture, and Society*, 36, 2023, p. 163–178.

EDWARDS, G. *et al.* "Climate obstruction in the Global South: Future research trajectories". *In*: *PLOS Climate* 2(7) 2023. Disponível em: **https://journals.plos.org/climate/article?id=10.1371/journal.pclm.0000241**.

FERREIRA-PEREIRA, L. C. "European Union-Brazil relations: A strategic partnership in suspended animation". *In*: *The European Union's Strategic Partnerships*: Global Diplomacy in a Contested World. Cham: Springer International Publishing, 2021, p. 151-175

FOLLY, M.; PORTO, C. "Cooperação pan-amazônica: o papel da Organização do Tratado de Cooperação Amazônica (OTCA) e do Brasil". *In*: FOLLY *et al. Política Externa Brasileira e Clima*: caminhos para um Brasil ambientalmente responsável e socialmente justo. Brasília: Plataforma Cipó & Fundação Alexandre de Gusmão, 2024.

GLOBAL WITNESS. *Standing Firm*: Land and Environmental Defenders on the Frontlines of the Climate Crisis. Global Witness Report. United Kingdom. 2023. Retrieved from: **https://coilink.org/20.500.12592/t69vjc**, on 01 Aug 2025. COI: 20.500.12592/t69vjc.

HAAS, P. M. "Introduction: epistemic communities and international policy coordination". *In*: *International organization*, 46(1), 1992, p. 1-35.

HAAS, P. M. *Epistemic communities, constructivism, and international environmental politics*. Abingdon: Routledge, 2016.

HALL, A.; MIDGLEY, J. O. *Social policy for development*. New York: Sage, 2024.

IPCC. *About IPCC*. (s.d.) Disponível em: **https://www.ipcc.ch/about/**.

SUMMA, G.; HERZ, M. *Multilateralismo na mira*: a direita radical no Brasil e na América Latina. Hucitec (coedição), Editora PUC-Rio, 2024. Disponível em: **https://www.editora.puc-rio.br/cgi/cgilua.exe/sys/start.htm?infoid=1308&sid=2**.

LAKE, D. A.; MARTIN, L. L.; RISSE, T. "Challenges to the liberal order: Reflections on international organization". *In*: *International organization*, 75(2), 2021, p. 225-257.

MALINIAK, D.; PARAJON, E.; POWERS, R. "Epistemic communities and public support for the Paris Agreement on climate change". *In*: *Political Research Quarterly*, 74(4), 2021, p. 866-881.

MILANE, C. R.; CHAVES, L. N. "How and why European and Chinese pro-climate leadership may be challenged by their strategic economic interests in Brazil". *In*: *Asia Europe Journal*, 20(4), 2022. p. 403-422.

PAVESE, C. "The European Union and Brazil in the Quest for Global Climate Governance: Potentials and Perils of a Partnership". *In*: *Istituto Affari Internazionali. IAI Papers*. 2018. Disponível em: **https://www.iai.it/en/pubblicazioni/c03/european-union-and-brazil-quest-global-climate-governance**.

RIBEIRO HOFFMANN, A. "The Mercosur-European Union Agreement in the New Global Context". *In*: *CEBRI-Journal*, 2023. Disponível em: **https://cebri.org/revista/en/artigo/86/the-mercosur-european-union-agreement-in-the-new-global-context**.

RIBEIRO HOFFMANN, A. "Cooperação internacional e o combate às mudanças climáticas nas relações entre Brasil e União Europeia". *In*: DIZ, Jamile Bergamaschine Mata; OLIVEIRA, Márcio Luís de; MONT'ALVERNE, Tarin (Eds.) *Transversalidade e sustentabilidade*: o desafio da concretização dos ODS na América do Sul e na União Europeia. Vol. 1. Belo Horizonte: Expert, 2025, p.165-180.

RIBEIRO HOFFMANN, A. "Climate Change Cooperation in Latin American Regionalism". *In*: RIBEIRO HOFFMANN, A.; SANDRIN, Paula; DOUKAS, Yannis. (Eds.) *Climate Change in Regional Perspective*: European Union and Latin American Initiatives, Challenges, and Solutions. Cham: Springer Nature Switzerland, 2024, p. 27-42.

SALTNES, J. D.; BARROS-PLATIAU, A. F.; SONDERGAARD, N. "The relevance of the Brazilian amazon for the relationship between Brazil and the European Union". *In*: *Revista do Programa de Pós-Graduação em Direito da UFC*, 43 (1), 2023.

SANTOS, T. *et al. Governança Ambiental Global no Contexto da Mudança Climática*: O caso do Rio Grande do Sul e o papel da cooperação com a União Europeia. Instituto Brasil Europa FECAP. 2024 Disponível: **https://europa.fecap.br/wp-content/uploads/2024/07/Report-4-eixo-03-junho-2024_v2.pdf**

SCODVIN, T. "The challenges of effective international climate cooperation in an unequal world". *In*: AGUILAR-STØEN, M.; BULL, Benedicte (Eds.). *Handbook on international development and the environment*. Chertenham, UK/Northampton, MA, USA: Edward Elgar Publishing, 2023 Diponível em: **https://www.elgaronline.com/edcollbook/book/9781800883789/9781800883789.xml**.

SILVA, C. A.; MARTINS, J. R. (Eds). *As Cúpulas Sociais do Mercosul I. História e Acervo. UPS Mercosur*. Mirabilia Ediciones. 2015. Disponível em: **https://www.gov.br/secretariageral/pt-br/mercosul-social/saiba-mais-mercosul/AsCupulasSociaisdoMERCOSULI_PT.pdf**.

STEVENSON, Hayley. "International negotiations and agreements on climate change". *In*: *CAF Policy paper*, 19, 2023.

STUHLDREHER, A. M.; MORALES OLMOS, V. (2020). "Energía y cambio climático en el Mercosur: desafíos de la articulación de políticas de desarrollo sostenible". *In*: *Análisis Político*, 33(99), 2020, p.41-60.

STUHLDREHER, A. M. "Construcción participativa del regionalismo estratégico: ¿hacia una agenda medioambiental externa del MERCOSUR?". *In*: *Revista Brasileira de Política Internacional,* 55, 2012, 194–210.

SURENDER, R.; WALKER, R. (Eds.). *Social policy in a developing world.* Chertenham, UK/Northampton, MA, USA: Edward Elgar Publishing, 2023.

THOMPSON, Alexander. "Contestation and Resilience in the Liberal International Order: The Case of Climate Change". *In*: *Global Studies Quarterly*, 24 (2) 2024. **https://doi.org/10.1093/isagsq/ksae011**.

TOKATLIAN, J. G.; FORTIN, C.; HEINE, J.; OMINAMI, C. "The State of US-Latin American Relations: the Case for a Diplomacy of Equidistance". *In*: FORTIN, Carlos; HEINE, Jorge; OMINAMI, Carlos (Eds.) *Latin American Foreign Policies in the New World Order. The Active Non-Alignment Option.* Cambridge: Cambridge University Press, 2023, p.33-47.

YEATES, N.; DEACON, B. "Globalisation, regional integration and social policy". *In*: DEACON, Bob; MACOVEI, Maria Cristina; LANGENHOVE, Luk Van; YATES, Nicola (Eds.) *World Regional Social Policy and Global Governance*: New Research and Policy Agendas in Africa, Asia, Europe and Latin America. Abingdon: Routledge, 2010, p.27-39.

CAPÍTULO 5

A TRANSIÇÃO VERDE E A POLÍTICA EXTERNA DA UNIÃO EUROPEIA EM UM TEMPO DE CRISE PERMANENTE – DA COERÊNCIA À INCOERÊNCIA?

Kai Enno Lehmann

Introdução

Em 2019 a União Europeia (UE) apresentou o seu Pacto Verde, um dos mais ambiciosos pacotes de medidas para enfrentar as ameaças das mudanças climáticas já anunciado por uma organização política internacional. O objetivo era tornar a Europa um continente 'neutro' climaticamente até 2050 (European Union, 2019).

Porém, mesmo em 2019, existiam dúvidas sobre como esse objetivo poderia ser alcançado. Ainda sofrendo os efeitos da crise econômica global de 2008, assim como da própria crise das dívidas soberanas que ameaçou a continuidade da moeda única europeia, a UE já estava enfrentando muitos problemas internos, inclusive o crescimento de partidos e, subsequentemente, governos populistas que questionam — e, em alguns casos, negam — a existência de mudanças climáticas e certamente não as consideram um problema que exigiria atenção especial aos custos, por exemplo, da economia.

A crise econômica que se seguiu à pandemia de covid-19, somada aos efeitos da invasão russa da Ucrânia em 2022, tiveram um impacto muito significativo nas políticas ambientais da UE, além de impactar suas ações externas e sua imagem internacionalmente.

Este capítulo sustenta que a época das 'crises permanentes' pela qual estamos passando tem deixado a UE mais fragmentada e incoerente internamente, o que impacta sua capacidade de agir externamente. Utilizando o modelo conceitual da Complexidade, esse capítulo analisa o que a recente postura da União em relação às políticas contra as mudanças climáticas significa na sua atuação internacional como uma liderança nas políticas ambientais e o que se pode esperar.

A política ambiental e o papel da União Europeia no mundo

Ao longo da sua história, a UE tem promovido a imagem de uma 'potência normativa' diferente das demais organizações internacionais (Manners, 2002). Embora houvesse muitos debates sobre o que isso significasse na prática — e se a União realmente pode ser considerada tal potência normativa —, não há dúvidas de que há uma autopercepção europeia da relevância de sua influência internacional através das normas (Diez, 2005). A União Europeia age de uma forma diferente dos demais atores na política internacional em função de sua capacidade de exportação de normas.

Historicamente, entretanto, o tema do meio ambiente não fazia parte da autopercepção sobre sua função normativa no campo internacional. Nem o Tratado de Paris, que estabeleceu a Comunidade Europeia de Carvão e Aço em 1951, nem os Tratados de Roma, a primeira encarnação daquilo que, hoje, nós conhecemos como as bases da UE, mencionavam o tema do meio ambiente como estratégico aos seus objetivos de integração. Em termos de políticas práticas, a Comunidade Econômica Europeia era um projeto econômico — como o nome indica (Nugent, 2010). O foco no objetivo do estabelecimento de um mercado comum não levava em consideração o tema ambiental, assim como os seis estados membros da época não apresentavam uma política ambiental comum (Bulmer *et al.*, 2020). Sendo assim, não existia nenhuma pressão para que houvesse qualquer tipo de coordenação ou cooperação em torno dessa área política no nível da então Comunidade Europeia (Cini; Borragan, 2022), inclusive porque na ocasião o tema não ocupava espaço de relevância como atualmente.

Isso só começou a mudar durante os anos 60 e, como em outras vezes ao longo da história da União, foram eventos que geraram a pressão e o *momentum* político para que essas mudanças pudessem ocorrer. Uma série de desastres ambientais fez com que o meio ambiente subisse na pauta política, por mais que esta mudança se ancorasse em uma busca de resposta a desastres ambientais. Assim como desastres incentivaram uma intensificação de pesquisas científicas sobre o impacto das atividades humanas sobre o meio ambiente.

Debates públicos sobre as consequências do crescimento econômico e danos ambientais começaram a surgir com mais frequência entre atores da sociedade civil e líderes políticos, ao ponto de o meio ambiente se tornar um tema fixo na agenda política internacional. Em consequência, a Comunidade Europeia, como designada na ocasião, tomou as primeiras ações concretas relacionadas ao meio ambiente na década de 1960, como por exemplo, a aprovação de uma Diretriz sobre a classificação, embalagem e identificação de substâncias perigosas (1967). Em 1970, a Comunidade Europeia aprovou regras sobre a emissão de carbono de carros e, em 1972, mais especificamente sobre os casos de emissões de carros diesel (Bulmer *et al.*, 2020).

Essas ações indicavam uma maior preocupação com o meio ambiente que levaram ao primeiro programa de ações ambientais da Comunidade Europeia em 1973 (Environmental Action Programme) que, não coincidentemente, foi aprovado um ano depois da primeira Conferência das Nações Unidas sobre o Meio Ambiente, em Estocolmo em 1972. Esse primeiro programa de ação pode ser visto como o início das políticas ambientais coerentes e coordenadas no nível da Comunidade Europeia (Nugent, 2010; Bulmer *et al.*, 2020). Programas consolidados de ações ambientais se tornaram uma parte recorrente do 'calendário político' da Comunidade, assim como a incorporação dessa área política nos tratados da organização foi o próximo passo. O Ato Único Europeu, de 1986, inseriu uma seção sobre Meio Ambiente, alterando nos tratados fundadores da organização e as competências formais da Comunidade Europeia, compartilhada com os seus estados membros. Crucialmente, o tratado determinou que 'as exigências da proteção ambiental sejam um componente de todas as outras políticas da Comunidade Europeia', um princípio hoje codificado no Artigo 190 do Tratado de Lisboa (Cini; Borragan, 2022).

Com isso em mente, talvez não seja uma surpresa de que, desde então, o envolvimento da UE nas políticas ambientais tem crescido progressiva e consideravelmente, fazendo com que ela seja vista hoje não somente como um ator importante nessa área, mas também como um *entrepreneur* político. Alguns exemplos talvez possam nos ajudar a entender esse papel. Hoje, o Acquis Comunitário da UE contém centenas de instrumentos legislativos e mais de 80% da legislação ambiental vigente nos estados membros tem a sua origem na União (Bulmer *et al.*, 2020).

Dentro desse contexto, as mudanças climáticas têm um papel central. Desde o final dos anos 80 elas são consideradas pela UE o assunto mais importante em termos da política ambiental da organização, com impacto nas relações políticas da UE com outros países do mundo (Afionis; Stringer, 2014). Subsequentemente, muitas das políticas ambientais principais da UE se voltaram a combater os impactos das mudanças climáticas (Nugent, 2010). De fato, em termos retóricos, a UE começou a usar a sua preocupação com as mudanças climáticas para justificar reformas de outras das suas políticas principais, por exemplo, a Política Agrícola Comum que, de acordo com a própria União, se tornou uma política de sustentabilidade e preservação de biodiversidade, entre outras coisas (McCormick, 2020). Esse processo culminou com a apresentação do Pacto Verde que tem como principal meta tornar a Europa um continente 'neutro' em termos das suas contribuições para a aceleração das mudanças climáticas (European Union, 2019).

Avaliar o impacto 'internacional' desse papel crescente da UE na área das políticas ambientais é um processo complexo até porque, como mencionado acima, políticas ambientais continuam sendo uma competência compartilhada (ou 'mista') entre a UE e os seus estados membros. Porém, na medida em que a quantidade de legislação ambiental no nível europeu aumentou, e com sucessivas reformas dos tratados fundadores da UE, desde o Ato Único (1986) até o Tratado de Lisboa (2009), a Comissão Europeia gradualmente assumiu um papel de liderança nessa área política, representando seus estados membros. Crucialmente, nesse sentido, as reformas dos tratados transferiram a competência legislativa sobre o tema para o processo legislativo ordinário da UE, o que permite o uso de maioria qualificada para a tomada de decisões. Passou-se assim a 'normalizar' o tema do meio ambiente como matéria de políticas europeias (Buonano; Nugent, 2021). Podemos ainda atestar que sucessivas Comissões Europeias, em particular, não perderam tempo em se aproveitar da 'europeização' dessa área política para buscar o papel de liderança internacional. Por exemplo, a Comunidade Europeia teve um papel importante durante as negociações que levaram ao Protocolo de Montreal e à Convenção de Viena para combater a destruição da camada de ozônio (Bulmer *et al.*, 2020). Em relação às mudanças climáticas, além do Pacto Verde, a UE tem um Sistema de Comércio de Emissões bastante avançado em comparação com o resto do mundo (European Commission, s. d. a).

Há décadas a União impõe exigências quanto ao cumprimento de medidas de proteção ambiental em comércio, investimentos e financiamentos autorizados pela União. A UE não realiza acordos de livre comércio sem cláusulas sobre desenvolvimento sustentável e de combate a mudanças climáticas (European Commission, s. d. d). Na linguagem da própria UE, sustentabilidade ambiental tem sido *mainstreamed*, permeando compromissos e normas da União em todos os níveis (European Commission, s. d. a).

Esse crescente envolvimento da UE nas políticas ambientais e como 'ator ambiental' faz com que seja percebida regionalmente como um dos mais importantes atores políticos internacionais nessa área, e como um exemplo a ser seguido (Börzel; Risse, 2009). Crucialmente, na sua política ambiental, a UE vê uma possibilidade de promover o seu 'modelo', aqui definido como promotora de "valores universais em uma escala global" (Scheipers; Sicurelly, 2007, p. 451).

Em outras palavras, o crescente envolvimento da UE em políticas ambientais globais também serve para fortalecer o fundamento normativo da organização. Porém, ao longo dos anos, a UE tem enfrentado muitas críticas a respeito das suas políticas ambientais. Embora seja impossível nesse espaço fazer uma resenha detalhada dessas críticas, é possível identificar três tipos de argumentos.

Primeiro, temos um grupo de críticos que simplesmente considera que a UE, apesar de tudo, não está fazendo o suficiente quando se trata do meio ambiente. Organizações não-governamentais ambientais, como Greenpeace, sustentam que a UE, diante da riqueza e dos recursos dos seus Estados membros, poderia, e deveria, fazer muito mais para tornar o meio-ambiente 'o assunto central' das políticas internacionais (Greenpeace, 2024). Nesse sentido, por exemplo, a organização é criticada por não ter, em seus acordos comerciais, fortes mecanismos de *enforcement* para fazer valer o cumprimento de suas exigências ambientais relacionadas a sustentabilidade, mudanças climáticas, assim como em outros assuntos (Torstad; Wiborg, 2024).

Segundo, a UE é criticada por ser inconsistente nas suas políticas ambientais. Em termos bem simples, de acordo com essa linha de argumentação, a UE segue uma política ambiental que, no papel, exige muito dos seus parceiros internacionais, mas está sendo mais 'leve' e 'flexível' quando se trata dos Estados membros da própria União. Não é incomum ouvir, por exemplo, que a UE exige sacrifícios do setor agrícola de países terceiros em relação, por exemplo, a métodos de produção sustentáveis, ao mesmo tempo em que dá uma margem de flexibilidade ao seu próprio setor agrícola. Dessa forma, a União é vista, por alguns, como um ator hipócrita, o que afeta não somente a imagem da organização no mundo, mas também a sua margem de manobra política quando se trata de ações políticas concretas (Niranjan, 2025).

Em terceiro lugar, e estreitamente relacionado ao argumento anterior, a UE tem sido acusada de *backsliding*, ou seja, uma regressão das suas políticas ambientais em resposta às várias crises que ela vem enfrentando e já mencionadas acima: a crise econômica, a pandemia, a invasão da Ucrânia pela Rússia (Niranjan, 2024). De acordo com essa linha de argumento, essas crises — e a reação da UE a elas — mostram que, longe de representar um pilar central dos objetivos estratégicos da UE, a política ambiental parece depender dos 'ventos políticos' nos Estados membros. Para muitos deles, o meio ambiente, atualmente, está longe de ser uma prioridade. Dito de forma mais simples, a política ambiental Europeia nada mais seria, nesse caso, do que uma bandeira internacional para a organização, mas que está sendo sistematicamente esvaziada domesticamente (Denison *et al.*, 2024).

Em grande parte, esses três tipos de críticas são válidos. Sem dúvida, a União carece de uma certa consistência no desenvolvimento e na aplicação das suas políticas ambientais. Certamente, age de uma forma diferente internamente quando comparado com a maneira como ela age com parceiros externos a respeito de questões ambientais.

Ao longo do resto deste texto eu vou apresentar uma sistematização sobre o que faz a UE agir como ela está agindo nas suas políticas ambientais. Vou buscar explicar o que isso significa para as políticas ambientais da UE daqui para frente, argumentando que, apesar dos evidentes problemas que isso gera para a UE, não vemos horizonte de mudanças significativas no futuro próximo. Ou seja, as aparentes inconsistências e a percepção de hipocrisia devem persistir.

Para mostrar como chego nessas conclusões vou utilizar a abordagem de um enquadramento da Complexidade (Goyer; Rihani, 2010; Geyer, 2003). Aplicando-a à política da UE a respeito de mudanças climáticas, mostrarei que é preciso dois ajustes para uma devida avaliação de políticas ambientais da União no cenário global: sobre nossas expectativas e, em termos mais práticos, a maneira como, e com quem, essas políticas devem ser desenvolvidas.

Complexidade como uma maneira de conceber e entender o comportamento da União Europeia

Há consenso na comunidade política, assim como na acadêmica, sobre a complexidade dos problemas enfrentados quando se trata das mudanças climáticas. Porém, o que isso significa na prática? Como mostra Lehmann (2011), historicamente, o termo 'complexo', quando aplicado a um problema a ser enfrentado politicamente, na verdade significa 'complicado'.

Para Edwards (2002, p. 17), "é possível encontrar soluções [para um problema] e implementá-las". Em outras palavras, é possível identificar a causa de um problema, isolá-la e corrigi-la. No entanto, Geyer e Rihani (2010) identificam a complexidade de problemas e interpretam esse tipo de visão como 'newtoniana' ou 'linear', uma vez que se baseiam na principal ideia de que sempre é possível controlar um processo político, assim como as instituições e atores envolvidos nele e, assim, também poder controlar o resultado final.

O que será mostrado adiante é que isso é um entendimento inadequado quando verificamos o que *policy-makers* enfrentam na maioria de suas ações. Processos políticos, e os atores envolvidos neles, são complexos. E isso não se refere somente a um sentido descritivo, mas conceitual.

Eoyang (2010, p. 466) definiu processos com tais características como complexo-adaptativos: "uma coleção de agentes semiautônomos

FIGURA 1. **Processos políticos e as organizações envolvidas neles têm as seguintes características:**

- A presença no sistema de um grande número de elementos;
- Esses elementos interagem de maneira rica, ou seja, qualquer elemento do sistema é influenciado e influencia um grande número de outros elementos;
- Essas interações geralmente não são lineares;
- Existem vários ciclos curtos de feedback nas interações;
- A abertura do sistema e seus elementos ao seu ambiente;
- Esses sistemas operam em um estado distante do equilíbrio;
- Esses sistemas têm uma história;
- Os elementos do sistema ignoram o comportamento do sistema como um todo.

FONTE: adaptado de Geyer (2003, p.22)

com liberdade para agir de maneiras imprevisíveis e cujas interações ao longo do tempo e do espaço, geram padrões sistêmicos".

Como Edwards (2002, p. 17) observa, tais padrões sistêmicos "têm notável resiliência diante dos esforços para mudá-los". Isso se deve em parte ao fato de que os agentes do sistema "estão em constante mudança, assim como as relações entre eles" (Eoyang; Holladay 2013, p. 16-17). Existe uma interdependência significativa entre os agentes dentro de um sistema, bem como os agentes individuais e o sistema como um todo. O sistema se auto-organiza, um processo durante o qual as interações internas entre agentes e condições de um sistema geram padrões em todo o sistema (Eoyang, 2001). O resultado é que um 'Sistema Adaptativo Complexo', ao mesmo tempo, tem muitos elementos de ordem, elementos complexos e de desordem. O sistema fica ao mesmo tempo caracterizado pela estabilidade, pela incerteza e pela resiliência.

Essa interdependência de elementos e condições dentro de um sistema é essencial para podermos entender o desenvolvimento e a evolução de uma política ou de uma instituição. Essa interdependência significa que a nossa capacidade de previsão, por exemplo, em relação ao resultado de uma política particular, é, no máximo, parcial. Também significa que o comportamento de um ator político pode ser influenciado fortemente por elementos e atores não diretamente ligados à política em questão.

Diante disso, Geyer (2003) busca 'mapear' os elementos de um sistema em um processo político, dividindo-os entre elementos de ordem, elementos complexos e elementos de desordem. O autor mostra que sistemas políticos são, de fato, cheios de elementos de ordem. Por exemplo, em organizações como a UE nós podemos saber, de um modo geral, como um país vai votar no Conselho de Ministros a respeito de um determinado assunto. O resultado final de uma votação então é altamente previsível. Porém, não é possível prever ou determinar com absoluta precisão as razões que levaram cada país a votar como votaram sobre um determinado assunto. Geyer (2003) chama isso de complexidade mecânica.

À medida em que instituições, países e pessoas interagem, essas interações se tornam mais complexas no que chamamos aqui de 'complexidade orgânica'. Como exemplo, pode-se pensar na interação entre os governos nacionais nos bastidores do Conselho de Segurança da ONU. Alternativamente, podemos pensar na interação entre diferentes instituições de um sistema político internacional e/ou governos nacionais e/ou parlamentos nacionais. Podemos também olhar para a interação entre o Gabinete de um Presidente, um Ministério das Relações Exteriores e o Congresso Nacional daquele país. Crucialmente, os atores que participam dessas interações são capazes de interpretar o que eles próprios e outros estão 'fazendo' de maneira diferente, levando à 'complexidade consciente'. Nestes casos, interpretações, serão influenciadas, entre outras coisas, pelos seus próprios valores, experiências de vida, culturas das instituições, entre muitas outras coisas. Em conjunto, não é surpreendente que os resultados das políticas ao longo prazo sejam imprevisíveis e, sendo assim, representam a 'desordem' no mapa aqui utilizado.

Geyer mostra esse processo visualmente e aplicado a um processo ou sistema político através do 'mapa de complexidade':

FIGURA 2. **Os fenômenos de um processo político**

Desordem	COMPLEXIDADE CONSCIENTE	COMPLEXIDADE ORGÂNICA	COMPLEXIDADE MECÂNICA	*Ordem*
⟷ SÉRIE DE SISTEMAS DINÂMICOS NÃO LINEARES				
EXEMPLOS:				
Resultados e desenvolvimentos de longo prazo; evolução de um país ou de um sistema político a longo prazo.	Normas, linguagem, narrativas e interpretações.	Interação entre diferentes atores e instituições durante o processo político.	Preferências particulares de atores particulares em circunstâncias particulares; razões particulares para votar de uma forma particular naquele momento.	Preferências políticas básicas; resultados de votações em instituições internacionais.

FONTE: Imagem adaptada pelo autor baseado em Geyer (2003, p. 25)

Esse modelo tem sido aplicado a uma grande variedade de assuntos sociais e políticos, na avaliação de serviços de saúde (Cooper; Geyer, 2018), na ilustração de respostas dos Estados Unidos aos ataques terroristas do 11 de setembro de 2001 (Lehmann, 2011), entre outros casos. Aqui este modelo será utilizado para buscarmos explicar o comportamento da UE em relação às políticas de enfrentamento das mudanças climáticas e o seu impacto sobre a atuação da União no mundo.

Mudanças climáticas e a política da União Europeia

Para podermos ganhar uma compreensão maior e melhor sobre a evolução das políticas da UE em relação às mudanças climáticas, aplicaremos esse modelo duas vezes para analisar dois marcos temporais distintos. Primeiramente, vamos analisar o período dos anos 90 até a crise econômica de 2008 e, depois, da crise econômica até o momento. Isso vai nos permitir uma análise comparativa em seguida.

A União faz parte de todos os principais acordos internacionais sobre as mudanças climáticas desde o UN Framework Convention on Climate Change de 1992. Foi também durante os anos 90 que a UE começou a desenvolver uma política europeia sobre mudanças climáticas, o que levou, no ano 2000, ao lançamento do Programa Europeu de Mudanças Climáticas. Com o objetivo de reduzir emissões de dióxido de carbono em 8% comparado com os níveis dos anos 90 até 2012, a UE lançou, dentre outras iniciativas, o seu Carbon Emission Trading System em 2005. Em 2007, e em resposta a resultados decepcionantes a respeito da redução de emissões de gases de que causam efeito estufa, a Comissão lançou a sua Estratégia 20-20-20, promovendo o uso de fontes renováveis de energia. E, de fato, até 2017, emissões por parte dos Estados membros da União caíram 22% em comparação com a década de 1990. Na ocasião, esse resultado colocou a União à frente dos Estados Unidos e da China, os dois maiores poluidores do mundo, como líder nos resultados de diminuição de emissões de gases de efeito estufa (McCormick, 2020).

Como nós podemos explicar esses resultados? O Mapa de Complexidade (Figura 3, na página a seguir) pode nos dar algumas ideias.

Como já comentado acima, a partir dos anos 90 existiu um consenso entre as lideranças políticas da UE sobre tanto a existência quanto a importância das mudanças climáticas e, assim, sobre a necessidade de tomar ações políticas para combatê-las. Embora houvesse diferenças de opinião sobre a severidade do problema e as melhoras maneiras para combatê-lo, essas diferenças não representavam um impedimento a ações, também porque, como já mencionado anteriormente, a Comissão Europeia era uma liderança impecável para tornar esse assunto um 'assunto Europeu' (Buonann; Nugent, 2021). Nisso, a Comissão recebeu uma ajuda importante da sociedade civil e da opinião pública, grosso modo, com pesquisas mostrando que mudanças climáticas começaram a ser um dos principais assuntos para a sociedade europeia (Bulmer *et al.*, 2020). Em consequência dessa tendência, ao longo de grande parte dessa época houve um alinhamento entre prioridades nacionais e europeias, o que permitiu que a Comissão Europeia pudesse avançar com as ações já especificadas acima, tendo certeza do apoio no Conselho de Ministros, assim como, quando necessário, no Conselho Europeu. Esse alinhamento foi forte o suficiente para o sistema político poder aguentar as diferenças que na época já existiam sobre as mudanças climáticas. Por exemplo, enquanto, em particular, organizações não governamentais focadas no meio ambiente sempre enquadraram o discurso sobre mudanças climáticas em termos existenciais, outros na época consideraram mudanças climáticas como algo a 'ser administrado', sem a necessidade para reformas radicais no modelo econômico ou social (Harrison; Geyer, 2021).

FIGURA 3. **Os fenômenos das políticas de mudanças climáticas da União Europeia até 2008**

Desordem	COMPLEXIDADE CONSCIENTE	COMPLEXIDADE ORGÂNICA	COMPLEXIDADE MECÂNICA	*Ordem*
⟵ SÉRIE DE SISTEMAS DINÂMICOS NÃO LINEARES ⟶				
EXEMPLOS:				
Evolução a longo prazo das mudanças climáticas; evolução da União Europeia.	Narrativa contestada.	Papel dos governos nacionais; interação entre instituições da União Europeia; papel da sociedade civil.	Diferenças de opinião sobre severidade do problema e respostas políticas.	Reconhecimento das mudanças climáticas como problema e ameaça.

FONTE: Elaborado pelo autor, baseado em Geyer (2003)

Porém, a partir de 2008, essa coerência começou a dissipar, gradualmente no início, depois rapidamente. Esse processo foi facilitado por alguns eventos chaves, ou *gateway events* (Lehmann, 2011). Vale a pena destacar alguns desses eventos antes de analisar o que isso significou para a União e a sua política de mudanças climáticas e o que isso nos mostra sobre a natureza, e os problemas da UE que, diríamos, persistem até hoje.

Em primeiro lugar, a crise econômica mundial atingiu toda a Europa. Muitas vezes descrita como a pior crise econômica desde a grande depressão de 1929, levando à necessidade de ajuda para que alguns países pudessem se salvar da falência (Lehmann, 2018).

A UE em particular, a partir desse ponto, começou a enfrentar graves problemas práticos e políticos. Em termos práticos, a organização precisou de vários anos para evitar o colapso da sua moeda única (o Euro). Isso se deu na medida em que vários Estados-membros da zona do euro entraram em dificuldades fiscais, que poderiam ter levado à sua saída da União, com consequências potencialmente incalculáveis para o sistema financeiro da UE e para a economia global. A quase-falência da Grécia e sua dívida soberana levou o projeto europeu à beira de uma 'catástrofe' (Stiglitz, 2017).

O segundo evento foi uma consequência direta da crise econômica: o crescimento de partidos antissistêmicos, particularmente da extrema direita, que são abertamente anti-UE. Esses partidos hoje ocupam aproximadamente 24% dos assentos do Parlamento Europeu e lideram ou participam de vários governos europeus, como, por exemplo, na Itália (Mudde, 2022). Embora seja relevante analisar esse crescimento de forma a diferenciar cada caso, não há dúvida que esses partidos influenciam o desenvolvimento de políticas públicas na Europa, às vezes mesmo sem vencer diretamente eleições, como será detalhado a seguir.

Um terceiro evento chave foi a pandemia de covid-19. A pandemia, evidentemente, representou desafios enormes em termos de saúde pública, economia e questões sociais, mas em especial, ela também impactou as estruturas e as políticas da União e dos Estados-membros de forma aparentemente contraditória. Por um lado, por exemplo, a pandemia levou a uma expansão massiva do papel do Estado na gestão da crise, com programas gigantescos de apoio para a população que se encontrava sem condições de sair de casa para trabalhar. Isso teve um impacto na UE que respondeu à crise do covid-19 com um programa bilionário de apoio aos Estados-membros, com o objetivo de proteger e reanimar as economias dos países (European Council, s. d.).

Porém, ao mesmo tempo e por outro lado, a pandemia levou — ou acelerou — um processo de polarização política em muitos Estados-membros, incentivados por um movimento 'anticiência' e conspiratório no mundo inteiro. Houve questionamentos, em alguns casos, até quanto à existência do vírus. Essa polarização se manifestou de várias formas, como ocorreu com questionamentos sobre a falta de solidariedade do Norte, vindos do Leste e do Sul da Europa, por exemplo, em relação à distribuição das vacinas contra o vírus. Esse foi, na verdade, um problema que se repetiu no mundo inteiro (Bollyky; Brown, 2020).

Um quarto evento foi a invasão russa na Ucrânia, em 2022. Embora, de um modo geral, a UE tenha agido de uma forma que nós podemos considerar 'pró-Ucrania', engajada em promover sucessivos pacotes de sanções econômicas contra a Rússia e dando apoio militar para a Ucrânia, podemos dizer que a guerra, mesmo assim, expôs várias divisões internas entre os Estados-membros da União. Países como a Hungria e a Eslováquia adotaram uma postura, no mínimo, obstrucionista, enquanto outros, como as repúblicas bálticas ou a Polônia, pediram que a UE agisse de forma mais firme contra a Rússia, para não somente acabar com a guerra, mas derrotar a Rússia (Gavin, 2025).

O impacto desse conjunto de crises sobre a União tem sido profundo e pode ser ilustrado utilizando o mapa de complexidade (Figura 4).

FIGURA 4. **A União Europeia desde 2008**

Desordem	COMPLEXIDADE CONSCIENTE	COMPLEXIDADE ORGÂNICA	COMPLEXIDADE MECÂNICA	*Ordem*
⟷ SÉRIE DE SISTEMAS DINÂMICOS NÃO LINEARES				
EXEMPLOS:				
Evolução a longo prazo da UE.	Divergências de narrativas; contestação de ciência; teorias conspiratórias etc.	Circunstâncias políticas domésticas dos Estados-membros; dinâmicas entre as instituições da UE.	Debates sobre como lidar com as várias crises; diferenças sobre as medidas adotadas etc.	Votações no Conselho de Ministros, por exemplo, sobre sanções contra Rússia

FONTE: Imagem elaborada pelo autor, baseado em Geyer (2003)

Um exercício de descrição sobre mudanças na UE desde 2008 até 2025 nos permite identificar que a UE enfrenta, atualmente, um panorama muito mais incoerente, baseado em três fatores principais. Em primeiro lugar, desde 2008, a União está agindo de uma forma ainda mais reativa do que já era o caso antigamente. Ela responde a crises com pouca capacidade para ação estratégica, tomando decisões de curto prazo. Isso tem a ver, em segundo lugar, com o ambiente doméstico muito mais fragmentado nos próprios Estados-membros. Mudanças profundas nos sistemas partidários dos países, com o subsequente impacto na formação de governos e nas relações políticas entre Estados membros e instituições da UE (McCormick, 2020) são bons exemplo disso. Tal cenário nos leva ao terceiro evento, ou seja, as mudanças na maneira como a UE faz políticas e os resultados desses processos políticos. As políticas da União relacionadas à emergência climática é uma ilustração clara dessa mudança.

O Pacto Verde da União Europeia em uma época de crise permanente

Consideramos uma certa ironia de que a UE aprovou a sua política mais importante em relação às mudanças climáticas em dezembro de 2019, justamente antes dos primeiros *lockdowns* impostos por governos europeus em consequência da pandemia de covid-19. Anunciado pela Comissão Europeia como um dos pacotes de medidas mais abrangentes do mundo, o Pacto Verde Europeu assume o objetivo de fazer da Europa o primeiro continente 'neutro' até 2050 (Comissão Europeia, 2019). Em termos práticos, isso significa uma diversificação da matriz energética dos Estados-membros e uma transformação econômica, com uma transição para indústrias limpas e a criação de regras mais rígidas para o meio ambiente e novas práticas para fazendeiros, entre muitas outras medias. A Lei de Clima de 2021 dá a esses objetivos força legal, inclusive metas para a redução de emissão de gases estufas em 55% até 2030.[5]

Porém, na prática, a época desde a aprovação do pacto e da lei do clima tem sido marcada por retrocessos e o enfraquecimento das metas especificadas. De fato, em fevereiro de 2025, a Comissão Europeia publicou um pacote de medidas cujos objetivo é 'reduzir os encargos administrativos' para empresas europeias, aumentando assim a competitividade da economia europeia (European Union. EUR-Lex, 2024). O chamado 'Compass de Competividade' é um documento em resposta a um relatório do ex-chefe do Banco Central Europeu e ex-Primeiro-Ministro da Itália, Mario Draghi, no qual ele advogou, entre outras coisas, pôr um ambiente regulamentar muito mais ágil e de 'toque leve' para que empresas europeias pudessem competir melhor com empresas de outras partes do mundo e utilizar de uma forma melhor as suas vantagens estratégicas, tal como uma força de trabalho altamente qualificada (Draghi, 2024). Diante disso, a Comissão Europeia anunciou que competitividade seria o foco central das suas ações daqui para frente (European Comission, s. d.). Crucialmente, uma das principais maneiras de aumentar a competitividade sugerida no documento é a desburocratização das atividades econômicas. Definida como uma 'simplificação' das práticas de negócios para empresas europeias, a proposta foca numa redução da burocracia associada com a *compliance* das empresas europeias com as regras da UE. A promessa nos planos apresentados pela Comissão é de reduzir o encargo administrativo em pelo menos 25%. As obrigações ambientais da UE são um alvo desse processo de 'simplificação'. Ao mesmo tempo, um *enforcement* mais leve dessas regras pode ser justificado com referências a 'cortes de gastos desnecessários' e uma maior 'eficiência burocrática'.

---

5. *Cf.* Regulation (EU) 2021/1119 (União Europeia, s.d.)

Os fatores que levaram a esse pacote de medidas não se reduzem somente a questões de competitividade europeia. Não há dúvida, por exemplo, de que o surgimento de partidos da extrema direita, que podem ser classificados como 'céticos' a respeito de mudanças climáticas, vêm impactando essa agenda da UE. Diante da insatisfação da opinião pública com o *status quo* da política, como expressa em eleições, as prioridades da UE mudaram: o objetivo é o bem-estar econômico no continente a curto prazo, deixando o meio ambiente, muitas vezes, em segundo plano, pelo menos na prática. Em outras palavras, na medida em que esses partidos recebem mais votos, eles conseguem mudar a pauta da União, mesmo sem fazer parte do governo em muitos países (Grant *et al.*, 2024).

Outra consequência clara desse desenvolvimento e da fragmentação política doméstica tem sido o questionamento e, em muitos casos, a rejeição, do consenso científico em torno da política ambiental e climática em geral. Nós temos, em várias partes do mundo, hoje, lideranças políticas que simplesmente não acreditam na existência das mudanças climáticas ou, pelo menos, na ideia de que essas mudanças representam um problema. No caso da UE e dos seus Estados-membros, embora essa postura não seja comum em governos, ela está aparecendo mais e, novamente, está tendo uma influência sobre o processo de *policy-making* (Dirkx; Wettengel, 2024).

Nós podemos ilustrar esse cenário, novamente, no mapa da complexidade (Figura 5).

O que houve, então, ao longo dos últimos anos, foi uma crescente incoerência nas políticas ambientais da UE, refletindo-se sobre a evolução geral da organização. Como mostrado, no nível europeu, essa incoerência fica mais evidente nas mudanças abruptas em termos das prioridades políticas. Tendo, ao longo de várias décadas, destacado o meio ambiente como a política mais importante da organização, diante dos problemas econômicos e poucos meses depois do Pacto Verde ter entrado em vigor, a Comissão declarou o crescimento econômico como a prioridade dela dali para frente.

FIGURA 5. **O panorama atual das políticas climáticas da União Europeia**

Desordem	COMPLEXIDADE CONSCIENTE	COMPLEXIDADE ORGÂNICA	COMPLEXIDADE MECÂNICA	*Ordem*
←		SÉRIE DE SISTEMAS DINÂMICOS NÃO LINEARES		→
EXEMPLOS:				
Evolução a longo prazo das políticas da UE e das mudanças climáticas.	Divergências de narrativas; rejeição ou minimização da existência do problema; rejeição da ciência.	Circunstâncias políticas domésticas dos Estados-membros; fragmentação e polarização política doméstica.	Debates sobre prioridades políticas da UE; impacto desses debates sobre ações práticas.	Votações no Conselho de Ministros sobre políticas climáticas.

FONTE: Imagem elaborada pelo autor, baseado em Geyer (2003)

O impacto dessas mudanças, e das tensões que essa incoerência gera internamente, tem sido significativo. Em termos de percepção, a imagem da UE como um líder político mundial na luta contra as mudanças climáticas tem sido muito danificada. Weise (2025) notou que vários especialistas têm feito duras críticas à UE por 'baixar a bola' na luta contra as mudanças climáticas.

Porém, essa incoerência tem um impacto mais prático e negativo no palco internacional. Em termos simples, diminuiu a credibilidade e a legitimidade da União na diplomacia internacional a respeito das mudanças climáticas.

Em primeiro lugar, essa tensão interna não somente dentro da UE, mas dentro da Comissão, dificulta a sua atuação durante os processos de diplomacia climática. Nesse sentido, é interessante observar que as manifestações da UE sobre a COP-30, a ser realizada na cidade brasileira de Belém em novembro de 2025, tem se mostrado bastante 'flexíveis'. Ou seja, sem dar destaques a grandes compromissos que a organização esteja disposta a assumir. Por exemplo, no site da Comissão Europeia dedicado às mudanças climáticas, há referência de que a UE tem como objetivo principal na Conferência a manutenção da meta de limitar o aquecimento global a 1,5 graus e apoiar os esforços de adaptação às alterações climáticas (European Commission, s. d. c).

Como já mencionado anteriormente, essa postura equivocada a respeito de mudanças climáticas — o que representa uma mudança por parte da organização — a aproxima à pauta dos partidos extremistas em ascensão na Europa, que negam a existência das mudanças climáticas. Sendo assim, esses partidos, mesmo sem vencerem eleições, vêm influenciando a pauta política da União. Mais uma vez, o bloco age de forma reativa em vez de ser proativo.

Nós podemos observar a mesma dinâmica em outros assuntos. Por exemplo, recentes propostas e ações da UE a respeito de imigração. Por um lado, a UE tem buscado incentivar a imigração altamente qualificada para compensar a crise demográfica pela qual está passando;

mas, por outro lado, a organização está agindo com cada vez mais rigor contra o que ela chama de 'imigração irregular' de refugiados vindos do norte da África e do Oriente Médio. Como se sabe, foram fechados acordos com países como a Turquia e Tunísia, para eles ficarem com os imigrantes que a Europa simplesmente não quer. Há vários outros exemplos desse tipo de postura por parte da UE em várias questões, seja a promoção da democracia ou em relação à Ucrânia (Lehmann, 2021; Gavin, 2025).

Em conjunto, a imagem que a União representa para o mundo é de incoerência e de hipocrisia. Em termos simples, a UE, já era vista como uma organização que fala uma coisa e faz outra coisa, uma acusação de longa data, como dito pelo Ministro de governo de Honduras em 2014. Longe de ser uma organização 'normativa' ela é, segundo esse argumento, uma organização internacional bastante 'normal'. E, como uma organização 'normal', a UE pode usar, e usa, o seu poder para avançar com os seus interesses. Tendo o maior mercado comercial desse tipo do mundo, os seus interesses são fortemente ligados ao comércio internacional. Considerando os problemas domésticos que tem atualmente, o crescimento da economia e a melhora das condições de vida da população a curto prazo são prioridades políticas do bloco. Mas o que, em suma, isso significa para a política externa e ambiental da UE daqui para frente?

E agora? A União Europeia e a persistência da sua incoerência

Como sustentado acima, a UE sofre com incoerência política em consequência de um padrão de condições políticas, sociais e econômicas domésticas e internacionais que são persistentes. Por exemplo, Donald Trump vai continuar como Presidente dos Estados Unidos pelo menos até o final de 2028. Igualmente, não há nenhum sinal de que o crescimento de partidos 'antissistêmicos' na Europa (assim como em outras partes do mundo) vai parar no curto prazo. Crucialmente, as lideranças políticas das instituições da UE foram renovadas em 2024 e, certamente nos casos da Comissão Europeia e do Conselho Europeu, tudo indica que os próximos anos serão uma continuação dos mandatos anteriores, uma vez que a Presidenta da Comissão, Ursula von der Leyen, foi reconduzida ao cargo.

Em termos econômicos, também há muitos sinais de que os próximos anos serão marcados por mais instabilidade, para não dizer volatilidade. Tudo indica que teremos um governo norte-americano, no mínimo, errático, o que vai levar a uma UE predominantemente reativa e, dentro do possível, pragmática. Diante disso, é também provável que os problemas econômicos da Europa — por exemplo, a inflação alta — continuem.

Em conjunto, esses fatores indicam que, pelo menos no futuro próximo, a UE vai continuar priorizando a economia sobre o meio ambiente em termos políticos. O impacto político de uma economia ruim é muito mais imediato do que qualquer questão ambiental. Ao mesmo tempo, no cenário global, a UE, como representada pela Comissão em particular, vai continuar destacando, verbalmente, a importância do meio ambiente. Em outras palavras, estrategicamente, pouco vai mudar.

Diante desse cenário pouco promissor, o que pode ser feito para a UE não perder a sua influência na política ambiental mundial? Três eixos de ações são plausíveis.

Em primeiro lugar, a União financia muitos projetos junto a governos e outros atores subnacionais quando o ambiente político está desfavorável à União, pois a organização tende a descentralizar suas políticas na área ambiental. Isso ocorre, por exemplo, em relação à transição energética. Esses projetos muitas vezes trazem resultados muito positivos no nível local (Global Gateway, 2024).

Em segundo lugar, e fortemente ligado ao primeiro ponto, é essencial que a UE melhore a sua estratégia de comunicação. A organização não é eficiente em mostrar ou 'vender' seus sucessos para um público mais amplo. Assim, por exemplo, o Pacto Verde foi discutido em grande parte a respeito dos custos que iria gerar e não no contexto dos potenciais benefícios (Harvey; Rankin, 2020). Igualmente, muitos dos sucessos dos projetos financiados pela UE geram pouca publicidade fora dos locais impactados diretamente, um problema reconhecido pela própria organização (van Nistelrooij, 2017). É absolutamente essencial que esses sucessos sejam promovidos pela União em um contexto estratégico, de que a transição verde no continente pode ser uma vantagem econômica para a Europa. Projetos em países terceiros, como ocorre no campo da energia renovável no Nordeste do Brasil, seria um ótimo ponto de partida nesse sentido.

Em terceiro lugar, a UE poderia ser mais realistas nos objetivos das políticas ambientais que ela promove. Essas políticas, inevitavelmente, são desenvolvidas e implementadas em contextos em que a UE é um dos atores importantes, porém talvez não seja o principal ator, podendo influenciar (mas não determinar) políticas.

Em suma, é importante reconhecer que o escopo de ações da UE está bastante limitado. Assim, as ações brevemente descritas acima podem influenciar a complexidade mecânica e a complexidade orgânica do sistema complexo das políticas ambientais da própria organização, como descrito em Figura 5. Uma massa crítica de ações bem-sucedidas no nível subnacional pode, potencialmente, mudar o debate político doméstico e, assim, começar a diminuir a polarização. Uma estratégia de comunicação mais consistente e intensa também pode permitir que a União faça frente à resistência política que muitas vezes enfrenta de dentro dos seus próprios Estados-membros, assim como diminuir a sua incoerência vis-à-vis o mundo fora da Europa. Uma redefinição dos seus objetivos em uma direção mais realista também pode servir para diminuir as tensões políticas internas e externas. A organização não somente estaria sendo vista como um ator 'normal', mas estaria agindo como tal. Em termos simples, essas três ações, abririam a possibilidade da UE voltar a um caminho de maior coerência política, algo que ela 'desesperadamente' precisa.

Considerações finais

Este texto teve dois objetivos. Por um lado, apresentou, em termos gerais, as políticas ambientais da UE, com foco no Pacto Verde, e as mudanças na postura da organização em relação ao seu comprometimento com políticas ambientais ao longo do tempo. O artigo examina o impacto dessas mudanças na imagem da União internamente e fora da Europa. Em um segundo momento, e utilizando a ferramenta do Mapa da Complexidade, o texto analisa as razões dessas mudanças de postura, com o argumento de que, particularmente, as circunstâncias domésticas da Europa levaram a uma incoerência. O argumento avançado aqui é que, diante da persistência dessas condições, é improvável que a UE volte a ser um 'campeão do meio ambiente' tão cedo, colocando em questão o seu poder normativo nesse respeito. Sendo assim, e para diminuir a incoerência interna que impede a atuação efetiva da UE no mundo a respeito do meio ambiente, ela deve focar em políticas práticas, se orientar para políticas subnacionais, melhorar a sua estratégia de comunicação e reajustar os seus objetivos.

Por mais que essas propostas talvez sejam insatisfatórias, diante das circunstâncias descritas e dos problemas enfrentados pela UE, são propostas que podem começar um processo de redução da sua incoerência e aumento da efetividade da União na sua atuação global, algo que parece urgente.

AFIONIS, Stavros; STRINGER, Lindsay C. "Is the European Union behaving as a normative power or soft imperialist?". *In*: *International Environmental Agreements*: Politics, Law and Economics, 14 (1), 2014, p. 47-67.

BÖRZEL, Tanja; RISSE, Thomas. "Diffusing (Inter-)Regionalism: The EU as a model of regional integration". *In*: *KFG Working Paper*, 7. (Berlin Freie Universität) 2009.

BOLLYKY, Thomas J.; BROWN, Chad P. "The Tragedy of Vaccine Nationalism". *In*: *Foreign Affairs.* September/October 2020. Washington, D.C.: The Council of Foreign Relations. 2020.

BULMER, Simon *et al. Politics in the European Union.* Oxford: Oxford University Press. 2020.

BUONANO, Laurie; NUGENT, Neill. *Policies and Policy Processes of the European Union.* London: Bloomsbury. 2021

CINI, Michelle; BORRAGÁN, Nieves Peréz-Solórzano. *European Union Politics.* Oxford: Oxford University Press, 2022.

COOPER, Helen.; GEYER, Robert. *Riding the Diabetes Rollercoaster*: A complete resource for EMQs. London: Routledge. 2018

DENISON, Susi *et al.* "Winds of change: The EU's green agenda after the European Parliament election". *In*: *Policy Brief.* Berlin: European Council on Foreign Relations. 2024. Disponível em: **https://ecfr.eu/publication/winds-of-change-the-eus-green-agenda-after-the-european-parliament-election/**

DIEZ, Thomas. "Constructing the Self and Changing Others: Reconsidering `Normative Power Europe". *Millennium*: Journal of International Studies, 33 (3), 2005, p. 613-636.

DIRKX, Milou; WETTENGEL, Julian. "Right-wing Populists challenge Europe's Climate Efforts". *In*: *Clean Energy Wire*. June 2024. Disponível em: **https://www.cleanenergywire.org/news/right-wing-populists-challenge-europes-climate-efforts.**

DRAGHI, Mario. *The future of European competitiveness — A competitiveness strategy for Europe*. Bruxelas: Comissão Europeia. 2024.

EDWARDS, Nigel. "Foreword". *In*: CHAPMAN, Jack., *System Failure — Why governments must learn to think differently*. London: Demos. 2002.

ENTREVISTA com Ministro do Governo de Honduras. Tegucigalpa, Honduras. [documento do autor] 2014.

EOYANG, Glenda. H.; HOLLADAY, Royce. J. *Adaptive Action — Leveraging Uncertainty in your organization*. Stanford, CA: Stanford Business Books. 2013

EOYANG, Glenda. "Human systems dynamics: competencies for a new organizational practice". *In*: ROTHWELL, William J. *et al.* (Eds). *Practicing Organization Development*: a Guide for Leading Change. San Francisco: Pfeiffer, 2010, p 465-475.

EOYANG, Glenda. *Conditions for Self-Organizing in Human Systems*, Doctoral Dissertation. Cincinnati, OH: The Union Institute and University, December 2001 Disponível em: **https://docalysis.com/glenda_thesis.pdf.**

EUROPEN COMMISSION. EU Emissions Trading System. *EU ETS*, (s.d. a). Disponível em: **https://climate.ec.europa.eu/eu-action/eu-emissions-trading-system-eu-ets_en.**

EUROPEAN COMMISSION. Sustainable Development Goals. *International Partnerships*, (s. d. b). Disponível em: **https://international-partnerships.ec.europa.eu/policies/sustainable-development-goals_en**

EUROPEAN COMMISSION. *Climate Action.* (s. d. c) Disponível em: **https://climate.ec.europa.eu/eu-action/international-action-climate-change/global-climate-action_en.**

EUROPEAN COMMISSION. EU-Central America Association Agreement. *Acess2Markets*, (s. d. d). Disponível em: **https://trade.ec.europa.eu/access-to-markets/en/content/eu-central-america-association-agreement.**

EUROPEAN COUNCIL. A Recovery Plan for Europe. *Explainers* (s. d.). Disponível em: **https://www.consilium.europa.eu/en/policies/eu-recovery-plan/.**

EUROPEAN UNION. Communication from The Commission to The European Parliament, The Council, The Council, The European Economic and Social Committee and the Committee of the Regions "The 2024 Annual Single Market and Competitiveness Report". *EUR-Lex*, 2024. Disponível em: **https://eur-lex.europa.eu/legal-content/EN/TXT/?uri=celex:52024DC0077.**

EUROPEAN UNION. Communication from the Commission to the European Parliament, the European Council, The Council, The European Economic and Social Committee and the Committee of the Regions. The European Green Deal. *EUR-Lex*, 2019. Disponível em: **https://eur-lex.europa.eu/legal-content/EN/TXT/?uri=celex:52019DC0640.**

GAVIN, Gabriel. *Major division in EU as leaders get deal on arming Ukraine — without Hungary.* Brussels: Politico, 2025. Disponível em: **https://www.politico.eu/article/eu-leader-ukraine-viktor-orban-russia-hungary-26-countries/.**

GEYER, Robert.; RIHANI, Samir. *Complexity and Public Policy*: A New Approach to Politics, Policy and Society. Abingdon: Routledge. 2010.

GEYER, Robert. "European Integration, the Problem of Complexity and the Revision of Theory". *In: Journal of Common Market Studies*, 41 (1), 2003.

GLOBAL GATEWAY. "EU-Brazil: Country Projects. International Partnerships". *European Commission*, 2024. Disponível em: **https://international-partnerships.ec.europa.eu/document/download/c0651334-6feb-4353-8ef7-07e1e1b61e27_en?filename=EU-Brazil-partnership.pdf.**

GRANT, Charles *et al.* "What will the EU election results mean for Europe?". *In*: *Insight:* Centre for European Reform, 2024 Disponível em: **https://www.cer.eu/insights/what-will-eu-election-results-mean-europe.**

GREENPEACE. EU climate target missing end to fossil fuels. *Press Release*, 2024 Disponível em: **https://www.greenpeace.org/eu-unit/issues/climate-energy/46942/eu-climate-target-missing-end-to-fossil-fuels/.**

HARRISON, Neill; GEYER, Robert. *Governing Complexity in the 21st Century*. London: Routledge, 2021.

HARVEY, Fiona; RANKIN, Jennifer. Will the European Green Deal really cost €1tn? *The Guardian*, march 2020. Disponível em: **https://www.theguardian.com/world/2020/mar/09/what-is-the-european-green-deal-and-will-it-really-cost-1tn.**

LEHMANN, Kai Enno. "Entrenching the problem? International organizations and their engagement in Latin America — the case of violence and the European Union". *In*: *Contexto Internacional*, 42 (2), 2021, p. 355-379.

LEHMANN, Kai Enno. "The crisis of the European Union as a Complex Adaptive System". *In*: *Journal of Common Market Studies*, 56 (4), 2018, p. 971-988.

LEHMANN, Kai Enno. "Crisis foreign policy as a process of self-organisation". *In*: *Cambridge Review of International Affairs*, 24,(1), 2011, p. 27-42.

MCCORMICK, John. *European Union Politics*. London: McMillan. 2020.

MANNERS, Ian. "Normative Power Europe: A Contradiction in Terms?". *In: Journal of Common Market Studies*, 40 (2), 2002, p. 235–58.

MUDDE, Cas. *A Extrema Direita Hoje*. Rio de Janeiro: Eduerj. 2022.

NIRANJAN, Ajit. Europe was a leader on saving nature. Now, its backsliding could threaten global progress. *The Guardian*, outubro de 2014. Disponível em: **https://www.theguardian.com/environment/2024/oct/09/europe-eu-green-deal-backsliding-nature-biodiversity-farmers-far-right-cop16-aoe**.

NIRANJAN, Ajit. EU overhaul of farming strategy ignores vital green proposals, campaigners warn. *The Guardian*, fevereiro de 2025. Disponível em: **https://www.theguardian.com/environment/2025/feb/19/eu-overhaul-of-farming-strategy-ignores-vital-green-proposals-campaigners-warn**.

VAN NISTELROOIJ, Lambert. EU must better communicate its success stories. *The Parliament*, october 2017. Disponível em: **https://www.theparliamentmagazine.eu/news/article/eu-must-better-communicate-its-success-stories**.

NUGENT, Neill. T*he Government and Politics of the European Union*. Oxford: Oxford University Press, 2010.

SCHEIPERS, Sibylle; SICURELLI, Daniela. "Normative Power Europe: a credible Utopia?". *In: Journal of Common Market* Studies, 45 (2), 2007, p. 435-457. Disponível em: **https://onlinelibrary.wiley.com/doi/abs/10.1111/j.1468-5965.2007.00717.x**.

STIGLITZ, Joseph E. *The Euro and its threat to the future of Europe*. London: Penguin Books. 2016

TORSTAD, Vegard; WIBORG, Vegard. "Commitment ambiguity and ambition in climate pledges". *In: The Review of International Organizations*, 2024, p. 1-28.

UNIÃO EUROPEIA. *Regulation (EU) 2021/1119 of the European Parliament and of the Council of 30 June 2021 establishing the framework for achieving climate neutrality and amending Regulations (EC) No 401/2009 and (EU) 2018/1999 (European Climate Law)*. Bruxelas: EUR-Lex. (s. d.). Disponível em: **https://eur-lex.europa.eu/legal-content/EN/TXT/?uri=CELEX:32021R1119.**

WEISE, Zia. "EU science advisers slam Brussels' weakened 2040 climate plans". *In: Politico*, June 2025. Disponível em: **https://www.politico.eu/article/eu-science-adviser-slam-brussels-weakened-2040-climate-goal-hoekstra-carbon-credits/.**

CAPÍTULO 6

GREEN DEAL E GREEN CITIES. O PAPEL DA COMISSÃO EUROPEIA NA PROMOÇÃO DA SUSTENTABILIDADE AMBIENTAL URBANA

Lucca Viersa Barros Silva

Introdução

Nos últimos anos, diversos termos como transição climática, desenvolvimento sustentável, finanças verdes, urbanismo sustentável, entre outros, têm se tornado frequentes nos discursos e nas políticas europeias. Esses temas não são propriamente novos. A partir da década de 1990, foram inseridos progressivamente nas agendas dos países e das instituições, como pode ser exemplificado pela existência de conferências como a Conferência das Nações Unidas sobre Meio Ambiente e Desenvolvimento de 1992 (ECO-92), realizada no Rio de Janeiro, pela existência de diversas organizações não-governamentais (ONGs) que possuem essa temática como foco de atuação, entre outros.

Na União Europeia (UE), os tópicos relacionados à transição verde têm assumido um lugar de destaque na agenda comunitária, como é possível observar nas diversas contribuições existentes neste livro. De forma similar ao contexto internacional, também na UE esse tema não é novo. Desde 1972, após a Conferência de Estocolmo, a Comissão Europeia publica, sem periodicidade definida, o *Environment Action Programme* (European Parliament, 2025a; Halmaghi, 2016), documento que visa direcionar as políticas ambientais da UE. No entanto, nos últimos 10 anos, essa temática passou a ocupar uma posição de destaque nas ações comunitárias. Diversos programas como, por exemplo, o Pacto Verde Europeu (European Green Deal), são representativos da centralidade assumida por essa agenda.

Neste capítulo, busco abordar uma dimensão específica da agenda verde europeia: a dimensão urbana. Desde a década de 1990, a Comissão Europeia é responsável por uma série de programas e iniciativas de intervenção urbana criando diretrizes e influenciando o planejamento em diversas cidades dos Estados-membros (Cottela, 2020; Duhr *et al.*, 2010; Marshall, 2007). Neste capítulo, objetivo explorar a forma como a UE, especialmente a Comissão Europeia, tem se destacado enquanto agente na promoção do meio ambiente e da sustentabilidade no campo do planejamento e das políticas urbanas, por meio do que se convencionou chamar de urbanismo ambientalmente sustentável[1]. Atualmente, diversas iniciativas desenvolvidas pela Comissão Europeia possuem ações que se enquadram nessa temática, dentre elas é possível citar elementos do Pacto Verde Europeu e NextGenerationEU, maior pacote de estímulos já lançado por instituições europeias, assim como iniciativas como a Capital Verde Europeia e a Iniciativa Urbana Europeia.

Dessa forma, este capítulo se divide em quatro partes: inicialmente, apresento um breve histórico das iniciativas da Comissão Europeia relacionadas ao urbanismo e à agenda verde. Em seguida, abordo algumas

---

1. A Agência Europeia do Ambiente (2025) define sustentabilidade ambiental urbana como: "sustentabilidade urbana sob uma perspectiva ambiental é alcançada ao se concentrar em questões ambientais nas áreas urbanas, como a poluição do ar e da água, os espaços verdes que oferecem áreas para as pessoas e a natureza, a perda de biodiversidade, a eficiência no uso de recursos e as medidas de mitigação para reduzir as emissões de gases de efeito estufa e gerenciar os impactos das mudanças climáticas.

das principais iniciativas atuais, as quais divido em duas partes: uma destinada a ilustrar como as cidades e as iniciativas relacionadas ao meio ambiente aparecem em ações transversais europeias, como o Pacto Verde Europeu, assim como em diversos mecanismos de financiamento comunitário voltados para as cidades. Na terceira parte, apresento projetos da Comissão Europeia que representam a materialização dos aspectos relacionados à sustentabilidade ambiental urbana presentes nos acordos e diretrizes. Para isso, abordo três iniciativas: a Iniciativa Urbana Europeia, o URBACT III e a premiação Capital Verde Europeia. Por fim, na quarta parte apresento alguns dados a respeito da percepção de gestores públicos sobre a influência das instituições europeias na promoção e suporte da sustentabilidade.

Notas teóricas e metodológicas

A expansão das agendas comunitárias e a influência das instituições nas políticas dos Estados-membros são temas recorrentes em trabalhos sobre a UE. Teóricos de matrizes distintas, como o neofuncionalismo — baseado na ideia de que a integração iniciada em determinada área transborda para outras — ou então os construtivistas — que enfocam principalmente no papel das práticas reiteradas para a construção da realidade internacional — apontam para uma crescente influência das políticas e instituições europeias nas realidades nacionais (Duhr *et al.*, 2010). Nesse sentido, diversos autores denominam esse processo de europeização (Risse *et al.*, 2001; Marshall, 2005; Duhr *et al.*, 2010; Cotella, 2020).

No campo do urbanismo e da sustentabilidade, alguns pesquisadores apontam para processos similares. Pollack, em 1994, já discute a expansão da agenda europeia para diversas áreas, dentre elas o planejamento territorial e o meio ambiente[2]. Marshall (2005)[3] analisa o processo de europeização a nível urbano. O autor aborda a transformação das cidades a partir das políticas europeias, argumentando que há um processo inter-relacionado entre as mudanças nas diretrizes das políticas urbanas e as iniciativas comunitárias. Cotella (2020)[4], de forma similar, também cita um processo de europeização no planejamento territorial dos Estados-membros. O autor aponta para a importância de instrumentos como as políticas regionais, ambientais e de coesão na influência nas realidades locais, moldando as práticas e prioridades nacionais.

---

2. O autor analisa diversas decisões e posicionamento de atores chaves no processo de integração a respeito de seis diferentes áreas incorporadas pelas políticas europeias, entre elas, o meio ambiente e o desenvolvimento regional. A partir dessa análise, o autor propõe, com base na classificação de Lowi, três tipos de políticas: regulatórias, redistributivas e distributivas. As políticas regulatórias, para o autor, podem ser explicadas como um transbordamento (*spillover*) do mercado comum. As políticas redistributivas são compreendidas como pagamentos em barganhas intergovernamentais. Já as distributivas, segundo Pollack (1994), são resultados das políticas empreendedoras da Comissão Europeia.

3. Marshall (2005), a partir da análise das políticas urbanas de duas cidades inglesas – Birmingham e Glasgow –, desenvolve dois conceitos para explicar o que denomina de processo de europeização nas cidades: *download* europeização e *upload* europeização. Com o conceito de *download* europeização, o autor descreve mudanças nas políticas, práticas e preferências dos sistemas locais de governança a partir da implementação e negociação de europeus. Já por *upload* europeização, Marshall (2005) se refere a transferências de práticas urbanas inovadoras para o nível supranacional a partir da incorporação de iniciativas locais nos programas e políticas comunitários.

4. O autor investiga como as políticas europeias influenciaram na governança territorial e no planejamento espacial dos Estados-membros a partir de dados coletados em 32 países (28 estados membros mais Islândia, Liechtenstein, Noruega e Suíça). A partir dessa análise, Cotella (2020) aponta para três mecanismos de europeização: 1) influência estrutural – que representa a transposição das diretrizes comunitárias para o nível local; 2) influência instrumental – exercida a partir de mecanismos de financiamento, como os fundos de coesão; e 3) influência discursiva – resultante da propagação de conceitos como o de coesão territorial.

Baseio-me nessas análises observadas a partir das premissas teóricas do neofuncionalismo e do construtivismo para contribuir para a compreensão do processo de influência da Comissão Europeia na promoção da sustentabilidade ambiental urbana. Para isso, a partir de uma metodologia exploratória, inicialmente selecionei alguns documentos e normativas expedidos pela Comissão que ilustram as diferentes formas que a sustentabilidade ambiental urbana assumiu ao longo dos anos. Paralelamente, selecionei alguns projetos e iniciativas como forma de demonstrar a materialização das diretrizes europeias nas políticas das cidades. Por fim, complemento a análise a partir de dados de percepção coletados pela Agência Europeia do Ambiente (European Environment Agency — EEA)[5]. A agência publica regularmente relatórios sobre sustentabilidade e meio ambiente aplicados a diferentes dimensões, incluindo o urbanismo, e aborda as percepções dos gestores públicos sobre a temática. A partir desses dados, apresento também a percepção dos tomadores de decisão sobre a influência das políticas europeias na promoção da sustentabilidade ambiental urbana.

5. Nesta pesquisa foram utilizados dados dos seguintes relatórios produzidos pele EEA: *Urban Sustainability in Europe. What is driving cities environmental change?* (2020) e *Urban sustainability in Europe. Post-pandemic drivers of environmental transitions* (2022). Para a elaboração dos relatórios, a agência utiliza diversas estratégias metodológicas (*mixed method approach*), que incluem a revisão de dados coletados por outros institutos, questionários e entrevista a gestores e autoridades municipais.

Histórico da sustentabilidade ambiental urbana na UE

AS ORIGENS DA AGENDA

A Conferência das Nações Unidas sobre o Meio Ambiente Humano realizada na cidade de Estocolmo em 1972 foi a primeira grande conferência internacional com foco no meio ambiente. No âmbito europeu, um ano após a conferência, em 1973, é publicado um dos primeiros documentos comunitários focados na questão ambiental: o 1º Programa de Ação sobre o Meio Ambiente, um guia de iniciativas a médio prazo preparado pela Comissão Europeia que a cada edição estabelece diretrizes a respeito da política ambiental europeia (Halmagui, 2016).

No entanto, é a partir do 5º Programa de Ação sobre Meio Ambiente, lançado em 1992, que as temáticas urbanas começam a aparecer relacionadas às questões da sustentabilidade ambiental. Esse programa marca uma importante mudança de orientação em relação ao meio ambiente. Enquanto os primeiros eram focados na harmonização das legislações, principalmente em relação à poluição e à proteção do ambiente, a versão lançada em 1992 apresentava uma abordagem de caráter holístico e interconectado a diferentes áreas. Além disso, o 5º Programa, em consonância com a ECO-92, traz para o centro de suas ações o conceito de desenvolvimento sustentável, dessa forma, buscando "imprimir um padrão de crescimento e desenvolvimento que promove a proteção ambiental e mitigando os efeitos negativos deste boom" (Halmagui, 2016, p. 88).

O 5° Programa reconheceu que além de esforços legislativos, a UE, então Comunidade Europeia, deveria incentivar as autoridades locais a enfrentarem as questões ambientais e dar apoio na transição a sustentabilidade (Eur-Lex, 1999). A edição, no entanto, não trazia objetivos, indicadores ou mecanismos definidos. Posteriormente, a partir de suas diretrizes, são estabelecidos outros programas e iniciativas (Eur-Lex, 1999). Nesse contexto, em 1994 é instituída uma das primeiras campanhas que abordava a sustentabilidade ambiental urbana, intitulada Cidades e Vilas Europeias Sustentáveis (European Sustainable Cities & Town)[6], buscando incentivar as cidades e a vilas a trabalharem a sustentabilidade a nível local (Sustainable Cities Platform, 2025).

Ainda no marco do 5° Programa de Ação, em 1998, a Comissão Europeia elabora um relatório intitulado Desenvolvimento Urbano Sustentável na União Europeia — Modelos de Ação (*Sustainable Urban Development in European Union — A Framework for Action*). Esse é um importante elemento para a construção de políticas urbanas integradas e sustentáveis.

Importante destacar que neste mesmo período estava sendo discutido o Tratado de Amsterdã[7], que, dentre diversas alterações, representou um passo importante na integração das pautas ambientais às políticas europeias. O tratado determinou que a proteção do meio ambiente e a promoção do desenvolvimento sustentável fossem integradas de forma transversal em todas as políticas setoriais da UE (European Parliament, 2025a, 2025b).

A publicação do relatório de Desenvolvimento Urbano Sustentável por parte da Comissão Europeia faz parte desse esforço oficializado com o Tratado de Amsterdã, como pode ser observado no preâmbulo do relatório:

---

6. A campanha é resultado da Conferência Europeia sobre cidades e vilas sustentáveis, realizada em 1994 na cidade dinamarquesa de Aalborg. Essa conferência tinha como objetivo discutir estratégias para inserir o conceito de sustentabilidade nas cidades europeias (Sustainable Cities Platform, 2025).

7. O Tratado de Amsterdã foi assinado em 2 de outubro de 1997 e entrou em vigor em 1 de maio de 1999. O tratado realizou algumas alterações nos tratados constitutivos da União Europeia com importantes mudanças, como aumento nas competências da União e um reforço no papel do parlamento (European Parliament, 2025b).

> Neste Quadro de Ação, a Comissão está dando um passo no sentido de aumentar a eficácia das políticas da UE previstas no Tratado, tornando-as mais "sensíveis ao contexto urbano" e garantindo que promovam o desenvolvimento urbano integrado (European Commission, 1998, p. 15)[8]

Ademais a publicação reforça também uma crescente importância das políticas urbanas no seio das políticas comunitárias:

> O quadro é um primeiro passo para cumprir o compromisso estabelecido na Comunicação para a "melhor integração das políticas comunitárias relevantes para o desenvolvimento urbano", de modo a "fortalecer ou restaurar o papel das cidades da Europa como locais de integração social e cultural, como fontes de prosperidade econômica e desenvolvimento sustentável, e como bases da democracia (European Commission, 1998, p. 16).[9]

O relatório apresenta quatro eixos, ou de acordo com tipologia oficial, quatro objetivos integrados, que deveriam estruturar a política urbana:

1. Fortalecimento da prosperidade econômica e do emprego em vilas e cidades;
2. Promoção da igualdade, inclusão social e regeneração em áreas urbanas;

---

8. Os trechos de textos apresentados neste trabalho estavam originalmente em inglês e foram traduzidos para o português pelo autor com o auxílio do Google Tradutor e do ChatGPT.

9. *The framework is a first step towards meeting the commitment set out in the Communication for "improved integration of Community policies relevant to urban development" so as to "strengthen or restore the role of Europe's cities as places of social and cultural integration, as sources of economic prosperity and sustainable development, and as the bases of democracy".*

3. Proteção e melhora do ambiente urbano: rumo à sustentabilidade local e global;
4. Contribuição para uma boa governança urbana e empoderamento local.

O primeiro objetivo refere-se a aspectos econômicos, com o intuito de trazer prosperidade e emprego às cidades. Já o segundo refere-se ao componente social, trazendo os ideais de igualdade, inclusão social e regeneração urbana. É no terceiro que aparece o componente ambiental, compreendido da seguinte forma:

> O Quadro de Ação destaca aquelas medidas ambientais mais propensas a gerar melhorias concretas nas áreas urbanas e reúne uma ampla gama de iniciativas comunitárias que afetam a qualidade do ambiente urbano, incluindo a gestão urbana da energia, transporte, resíduos, qualidade do ar, água, ruído e áreas contaminadas. Dá-se ênfase às abordagens integradas de gestão ambiental e a como os Fundos Estruturais podem contribuir para um ambiente urbano mais sustentável. O Quadro ressalta a necessidade de ampliar os sistemas de rotulagem ecológica (Eco-labelling) e os Sistemas de Gestão e Auditoria Ambiental (EMAS) para melhorar o desempenho ambiental dos setores público e privado. A Comissão enfatiza a importância da proposta de Diretiva sobre a taxação de produtos energéticos para a proteção do clima e destaca o papel das áreas urbanas nesse contexto (European Commission, 1998, p. 15).

O quarto objetivo, por sua vez, centrava-se na governança e na necessidade de integração entre os diferentes níveis de governo e empoderamento local.

Analisando o relatório é possível observar a aplicação do conceito de sustentabilidade relacionados a fatores econômicos, sociais e ambientais, como previsto no 5° Programa Europeu e também em conferências internacionais como a ECO-92. Além disso, também destaca-se uma forte presença da regeneração urbana enquanto estratégia de desenvolvimento transversal e incorporadora das múltiplas dimensões da sustentabilidade.

Cada objetivo estratégico se dividia em diferentes ações. O objetivo três apresentava as seguintes:

QUADRO 1. **Ações do objetivo promoção e melhora do ambiente urbano: rumo à sustentabilidade local e global**

AÇÃO 11: Melhor implementação da legislação ambiental existente no nível urbano.
AÇÃO 12: Legislação adicional sobre resíduos, qualidade do ar, água e ruído.
AÇÃO 13: Reforço do controle da poluição e da descontaminação em vilas e cidades.
AÇÃO 14: Contribuição para a redução do impacto ambiental do transporte urbano.
AÇÃO 16: Proteção do clima.
AÇÃO 17: Ampliação da rotulagem ecológica (Eco-Labelling) e do Sistema de Gestão e Auditoria Ambiental (EMAS).
AÇÃO 18: Apoio dos Fundos Estruturais da UE à proteção e melhoria do meio ambiente urbano.
AÇÃO 19: Desenvolvimento de conhecimento e intercâmbio de experiências sobre o ambiente urbano.

FONTE: European Commission, 1998

Ao observar as ações descritas no plano de ação é possível identificar vários eixos que ainda se encontram presentes nas diretrizes e programas europeus atuais, como a redução dos impactos ambientais dos transportes urbanos e a proteção climática. Abordarei essa continuidade mais profundamente nas próximas sessões.

O documento também apresentava diretrizes sobre formas pelas quais a UE poderia influenciar na formulação das políticas locais. Entre as ações propostas nessa direção, estavam a proposição de projetos e financiamentos, assim como a necessidade das propostas se adequaram aos aspectos ecologicamente sustentáveis para obterem acesso a fundos estruturais e outros recursos europeus. Essas medidas podem ser exemplificadas na Ação 18, segundo a qual:

> Em conformidade com os regulamentos preliminares, as diretrizes sobre o uso dos Fundos Estruturais farão referência à necessidade de critérios explícitos de sustentabilidade ambiental para orientar a escolha da estratégia de desenvolvimento; e ao compromisso com uma boa gestão ambiental por parte das organizações beneficiárias (European Commission, 1998, p. 18).

Nos anos subsequentes à divulgação das diretrizes para ações urbanas sustentáveis, diversos planos foram desenvolvidos e influenciados por essas concepções, como por exemplo, o Programa Urban. O Programa foi criado pela Comissão Europeia no início da década de 1990, financiado com fundos estruturais, e tinha como principal objetivo a regeneração urbana de áreas degradadas (Comissão Europeia, 1997). Ao longo de suas várias edições, os Projetos Financiados pelo programa passaram a contar com um componente de sustentabilidade ambiental urbana cada vez mais robusto seguindo o avanço dessas pautas nas discussões comunitárias. Na edição de 1997, que tinha como objetivo principal a revitalização dos centros históricos das cidades europeias, aproximadamente metade dos projetos já contavam com medidas de sustentabilidade, sendo esta a temática principal de alguns deles, como por exemplo, o projeto financiado na Ilha de Gran Canaria (Espanha) visando a promoção do desenvolvimento ambiental sustentável em áreas verdes sujeitas a pressão urbana ou projetos na Suécia buscando a integração ambiental em áreas industriais em decadência (European Commission, 1997).

O URBANISMO NO CENTRO DAS POLÍTICAS DE COESÃO

É na segunda década do século XXI que as agendas iniciadas na década de 1990 ganham protagonismo nas políticas de coesão europeias. A carta de Leipzig, de 2007, marca um ponto importante na centralidade da política urbana para as políticas de coesão (European Environment Agency, 2021). Essa carta reforça o suporte dos fundos de coesão às cidades da EU, assim como ressalta a ideia de desenvolvimento integrado e transversal, já presente nas políticas ambientais, como aponta a Agência EEA:

> Os temas prioritários da Agenda Urbana para a União Europeia não são abordados de forma isolada, mas sim de maneira interconectada e integrada, o que depende da contribuição e colaboração de especialistas de diferentes áreas de políticas públicas, bem como de distintos níveis de governo e da sociedade. Por exemplo, a qualidade do ar não pode ser tratada sem também considerar a mobilidade urbana (transporte) e a transição energética (energia limpa) (European Commission, 2025f).

Segundo a Comissão Europeia, no período de 2014-2020 a dimensão urbana esteve no coração da política de coesão (European Commission, 2025e). Nesse período, mais de 115 bilhões de euros dos fundos de coesão foram investidos em áreas urbanas, sendo mais de 17 bilhões diretamente alocados em projetos de desenvolvimento urbano sustentável em mais de 900 cidades (European Commission, 2025e). O Gráfico 1 ilustra a distribuição dos recursos de acordo com os eixos temáticos do programa.

De acordo com o Gráfico 1, é possível observar que mais de 90% do Fundo foi investido em iniciativas conexas à sustentabilidade ou a aspectos urbanos. Dos cinco eixos que compõem o plano, apenas um — Assistência Técnica — não é diretamente conectado com as temáticas analisadas. Os outros — redes, insfraestrutura em transporte e energia; meio ambiente, proteção e eficiência de recursos; economia de baixo-carbono; e mudança climática — apresentam correlações diretas com o tema da sustentabilidade ambiental urbana.

GRÁFICO 1. **Orçamento total do Fundo de Coesão por tema nos anos entre 2014-2020**

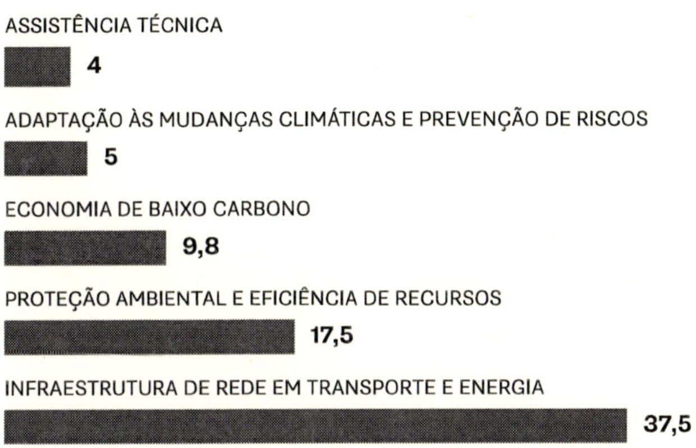

FONTE: European Union, 2025a

Outra iniciativa que merece destaque é a promulgação da Agenda Urbana Europeia no ano de 2016. Essa iniciativa é uma resposta da Nova Agenda Urbana discutida no âmbito da Organização das Nações Unidas (ONU) (European Commission, 2025f). O objetivo da iniciativa é integrar e coordenar abordagens para os aspectos urbanos da UE e das políticas nacionais, buscando melhorar a qualidade de vida nas áreas urbanas. A agenda conta com 14 pontos, muitos dos quais diretamente relacionados a temas ambientais como: qualidade do ar, adaptação climática, transição energética, usos sustentáveis da terra (European Commission, 2025f). Além desses pontos diretamente conectados ao meio ambiente, a sustentabilidade ambiental também está presente de forma transversal em toda a carta. Nesse período, diversas iniciativas são lançadas, como por exemplo a Urban Inovative Actions ou o UrbanAct III, programa de financiamento urbano que detalharei nas próximas seções.

GREEN DEAL: A SUSTENTABILIDADE NO CENTRO

Em 2019 é lançada uma das iniciativas mais ambiciosas da UE: o Green Deal, em português, Pacto Verde Europeu. O projeto realizado pela Comissão Europeia tem como objetivo "transformar a UE em uma economia moderna, eficiente em termos de recursos e competitiva, assegurando: zero emissões líquidas de gases de efeito estufa até 2050; crescimento econômico dissociado do uso de recursos; nenhuma pessoa e nenhum lugar deixado para trás" (European Commission, 2025a).

A iniciativa busca incentivar o investimento em projetos comprometidos com a sustentabilidade, colocando o meio ambiente e o bem estar no centro da política econômica comunitária (European Commission, 2025a). Também promete proteger as cidades dos efeitos das mudanças climáticas, ser justa e inclusiva. Ademais, a iniciativa é parte importante das estratégias europeias para a Agenda 2030 ONU (Fetting, 2020).

Posteriormente, e inter-relacionado ao Pacto Verde Europeu, é lançado o programa Next GenerationEU. Esse program surge como resposta à pandemia de covid-19. Seu objetivo é financiar a recuperação dos países após a covid-19. O NextGenerationEU é o maior programa de estímulo já lançado pela UE, tendo um orçamento de aproximadamente 2.018 trilhões de euros (European Union, 2025b). Uma parte desse recurso será utilizada para financiar ações do Pacto Verde Europeu. De acordo com a Comissão Europeia (2025a), dos 1,8 trilhões de euros destinados ao Pacto Verde, um terço, ou seja, 600 bilhões, será financiado com recursos oriundos do NextGenerationUE.

De forma similar ao Pacto Verde Europeu, o programa de reconstrução também apresenta uma forte preocupação com questões ecológicas e ambientais. De acordo com a descrição oficial do programa, após os investimentos, a UE "será mais verde, mais digital e mais resiliente" (European Union, 2025b). O principal mecanismo do NextGenerationEU é o mecanismo de recuperação e resiliência (*recovery and resilience facility*, em inglês), que conta com um orçamento de 723,8 bilhões de euros (European Commission, 2025d). O mecanismo é utilizado para financiar iniciativas nas áreas apresentadas na Quadro 2.

QUADRO 2. **Áreas de financiamento do NextGenerationEU**

I. Transição verde Verde
II. Transformação Digital
III. Coesão Social e Territorial
IV. Políticas para a próxima geração
V. Crescimento sustentável, inclusivo e inteligente
VI. Saúde e resiliência econômica, social e institucional

FONTE: European Commission, 2025d

Muitas das ações e linhas de financiamentos são destinadas a aspectos urbanos, estando, portanto, também conectadas à promoção da sustentabilidade ambiental urbana, aspecto obrigatório para as iniciativas. No eixo intitulado transição verde, por exemplo, incluem-se projetos como renovação térmica dos edifícios, eficiência energética, construções sustentáveis, descarbonização, incentivo ao turismo, entre outros[10].

10. O website da Comissão Europeia possui um mapa com todos os projetos financiados pelo NextGeneration, o qual pode ser acessado no seguinte endereço: **https://commission.europa.eu/business-economy-euro/economic-recovery/recovery-and-resilience-facility_en#map.**

Importante destacar que o Pacto Verde Europeu e o NextGenerationEU são programas de longo prazo, desenvolvidos para serem aplicados nos próximos anos e contêm algumas das principais diretrizes das políticas de coesão comunitária. São programas que ainda estão em execução, e apesar de já ser possível observar alguns de seus frutos, apenas nos próximos anos será possível observar a magnitude das iniciativas financiadas.

DAS DIRETRIZES ÀS CIDADES: EXEMPLOS DE INICIATIVAS

Ao longo do tempo, nos últimos trinta anos, como demonstrado anteriormente, uma série de diretrizes, iniciativas e acordos foram paulatinamente incorporando temas relativos ao urbanismo sustentável europeu. A centralidade que esses temas alcançaram nas políticas e nos fundos comunitários se traduzem em um número elevado de projetos e ações financiadas. A isso soma-se também o caráter transversal e multidimensional do urbanismo ambiental sustentável, o que faz com que o tema perpasse diversas iniciativas de diferentes áreas de atuação. Dessa forma, atualmente são vários os projetos e iniciativas que possuem ações que se inserem nessas temáticas, desde projetos de construção de praças, ferrovias, reciclagem, conversão energética, isolamento térmico, entre outros. Para ilustrar algumas dessas iniciativas, trago alguns exemplos concretos de como essas diretrizes se traduziram em projetos centrados na sustentabilidade ambiental urbana. Para isso abordo três iniciativas: European Urban Unitiative, URBACT III e a premio Capital Verde Europeia.

O programa European Urban Initiative foi criado em 2014, inicialmente com o nome de Urban Inovatite Actions, o principal objetivo é "financiar projetos urbanos inovadores que testam soluções pioneiras para desafios complexos das cidades" (European Urban

Initiative, 2025a). Em 2022, o programa foi reformulado e deu origem a Iniciativa Urbana Europeia (European Urban Initiative) incluindo em seu escopo ações de capacitação e conhecimento e apoio a implementação de estratégias sustentáveis[11] (European Urban Initiative, 2025a, 2025b, Urban Innovative Actions, 2025).

Também criado em 2014, o programa Urbact destinava-se a "melhorar políticas urbanas sustentáveis por meio de redes de cooperação entre cidades" (Urbact, 2025). Entre os principais objetivos, estavam a formação de redes transnacionais de partilhas de experiências entre as cidades, a identificação de boas práticas e desenvolvimento de planos integrados — como planos de mobilidade sustentável, eficiência energética e inclusão social[12]. Em 2022, o programa foi descontinuado e seu escopo de atuação passou a integrar a Iniciativa Urbana Europeia (Urbact, 2025).

O Capital Verde Europeia é um premio, lançado em 2008, que reconhece as cidades que se destacam na sustentabilidade urbana. A iniciativa se insere em um conjunto de outros concursos promovidos pela Comissão Europeia com o intuitivo de promover determinadas agenda, como por exemplo, a Capitais Europeias da Cultura. O objetivo principal é incentivar, por meio de um concurso, a promoção de iniciativas urbanas sustentáveis. As cidades que desejam concorrer ao título são avaliadas a partir de sete indicadores ambientais: qualidade do ar; gestão da água; biodiversidade e espaços verdes; economia circular e resíduos; ruído urbano; mitigação das mudanças climáticas; e adaptação as mudanças climáticas. Desde 2008, dezessete cidades ganharam o título, como Vilnus (2025), Lisboa (2020), Estocolmo (2010), entre outras. Além do Capital Verde Europeia, também há o

---

11. Para mais informações sobre as ações financiadas, acessar: **https://www.urban-initiative.eu/ia-cities**.

12. Para mais informações sobre as ações financiadas, acessar: **https://urbact.eu/**.

premio Folha Verde, enquanto o primeiro é destinado a cidades com mais de 100 mil habitantes, o segundo têm como requisito uma população entre 20 e 100 mil habitantes (European Commission, 2025b).

A influência da UE na adoção da agenda ambiental

INDUÇÕES TEÓRICAS

A partir do histórico e das iniciativas apresentadas é possível observar o crescimento da agenda urbana sustentável europeia nos últimos 30 anos. Esse crescimento se traduz em uma centralidade de práticas urbanas sustentáveis nos projetos e iniciativas financiadas com recursos europeus. Paralelamente, nesse mesmo período, os temas relacionados à sustentabilidade também passaram a ter grande visibilidade nas agendas internacionais e nacionais, influenciando a formulação de políticas em diferentes níveis territoriais.

Na UE, os organismos comunitários, como a Comissão Europeia, tiveram um grande papel na propagação dessa agenda. Inicialmente, a sustentabilidade urbana passa a aparecer nas diretrizes e normativas expedidas pelos órgãos comunitários e paulatinamente se materializa em projetos e iniciativas, a grande maioria delas promovidas pela Comissão. Um passo importante para a transposição dessa agenda foi a condicionalidade dos financiamentos comunitários a iniciativas que incluam sustentabilidade. Para aceder aos recursos, os projetos necessitam apresentar componentes e ações de sustentabilidade. Esse condicionante, já previsto nas diretrizes iniciais, faz com que pensar desenvolvimento urbano sustentável seja obrigatório para aqueles que buscam financiamento junto à UE.

Ao longo dos anos, o volume de recursos destinados a projetos com componentes de sustentabilidade cresceu enormemente, como é possível observar, por exemplo, com o Pacto Verde Europeu e com o NextGenerationEU. Para aceder a esses recursos é necessário pensar em iniciativas sustentáveis. Marshall (2005) denomina o processo de incorporação de normas e valores a partir da implementação de iniciativas europeias de '*download* europeização'. Cotella (2020), por sua vez, chama atenção para processos similares, no entanto, o autor denomina de influência instrumental a influência exercida pela UE por meio dos fundos e da política de coesão. Nesse breve histórico é possível identificar alguns dos aspectos apontados pelos autores.

Além do conceito de influência instrumental, Cotella (2020) apresenta mais dois outros mecanismos de influência das políticas europeias que são úteis para compreendermos o papel da Comissão Europeia na promoção do urbanismo sustentável: influência estrutural e influência discursiva. Por influência estrutural, o autor chama atenção para as diretrizes expedidas pelos organismos europeus, neste caso, como podemos observar por meio dos atos, tratados e modelos de ação. Já a influência discursiva refere-se à propagação dos conceitos e discurso. Títulos como a Capital Verde Europeia exercem um papel importante neste componente.

PERCEPÇÕES DOS AGENTES

A influência da Comissão Europeia e de outros organismos comunitários também é apontada pelos gestores públicos e tomadores de decisão como um fator de destaque na adoção da sustentabilidade enquanto elemento integrante das políticas de urbanismo. A partir de dados disponibilizados pela Agência Europeia do Ambiente é possível observar a percepção dos tomadores de decisão e gestores públicos sobre a influência das instituições europeias na propagação da sustentabilidade ambiental.

GRÁFICO 2. **Fatores relacionados a governança que suportam a transição ambiental sustentável nas cidades**

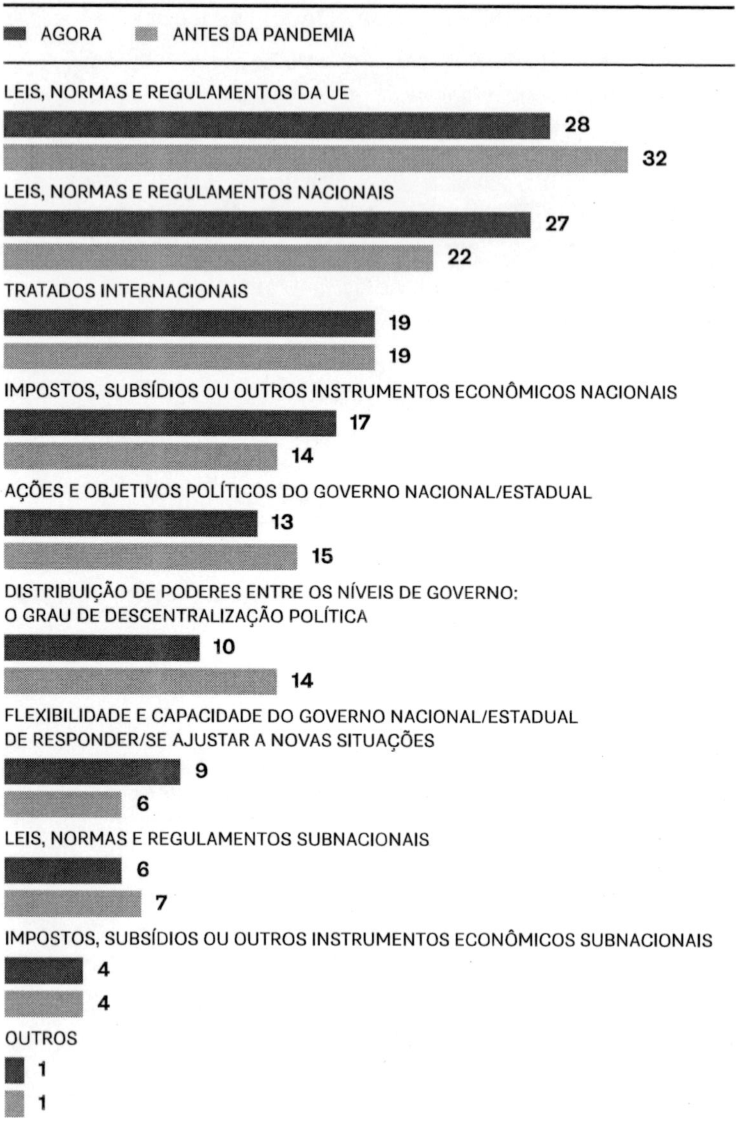

FONTE: European Environment Agency, 2022, p. 40

GRÁFICO 3. **Fatores desencadeadores da sustentabilidade ambiental urbana como parte da agenda política das cidades**

FONTE: European Environment Agency, 2022, p. 24

Analisando os Gráficos 2 e 3, é possível identificar que os fatores relacionados à política comunitária ocupam as primeiras posições quando perguntado aos entrevistados sobre os fatores que impulsionam a inserção da sustentabilidade ambiental urbana. No Gráfico 2, as leis europeias, normas, critérios e regulamentos aparecem em primeiro lugar como os fatores que mais incentivam a transição sustentável nas cidades, acima de fatores como a leis nacionais e até mesmos taxas e subsídios nacionais. É possível observar também uma atribuição de importância ainda maior após a pandemia de covid-19 que tem o NextGenerationEU como estratégia de recuperação.

No Gráfico 3 também é possível perceber a predominância de iniciativas comunitárias como desencadeadoras da sustentabilidade ambiental nas agendas políticas. Os mecanismos de financiamento e programas comunitários aparecem em primeiro lugar, sendo declarado muito significante por 27% dos entrevistados, estando à frente até mesmo da crise ambiental, que foi apontada por 26% dos entrevistados como fator determinante.

Além desses aspectos, as instituições europeias aparecem como as principais apoiadoras das iniciativas de sustentabilidade ambiental nas cidades. De acordo com o quarto gráfico, 14% dos entrevistados apontam o acesso a fundos europeus como um fator que apoia fortemente a sustentabilidade ambiental. Dentre os fatores que apoiam fortemente a aplicação da sustentabilidade ambiental, essa opção foi a que obteve maior percentual de respostas.

GRÁFICO 4. **Resposta à questão "os seguintes fatores relacionadas a finanças atuaram suportando ou inibindo a transição ambiental sustentável na sua cidade?"**

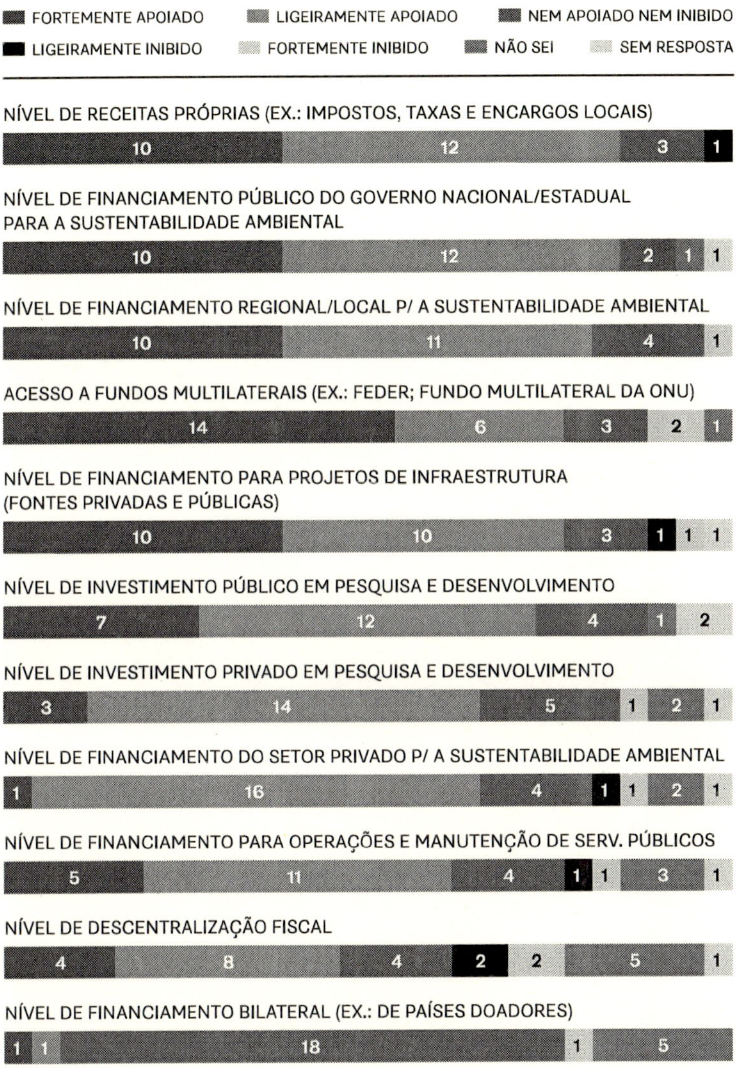

FONTE: European Environment Agency, 2022, p. 38

Por fim, várias das iniciativas citadas anteriormente foram apontadas como tendo um grande impacto na transição ambientalmente sustentável nas cidades. Atualmente, o Pacto Verde Europeu é apontado como a iniciativa que mais impactou nas cidades analisadas, como pode ser visto no Gráfico 5.

GRÁFICO 5. **O efeito das políticas internacionais e europeias na transição ambiental sustentável nas cidades**

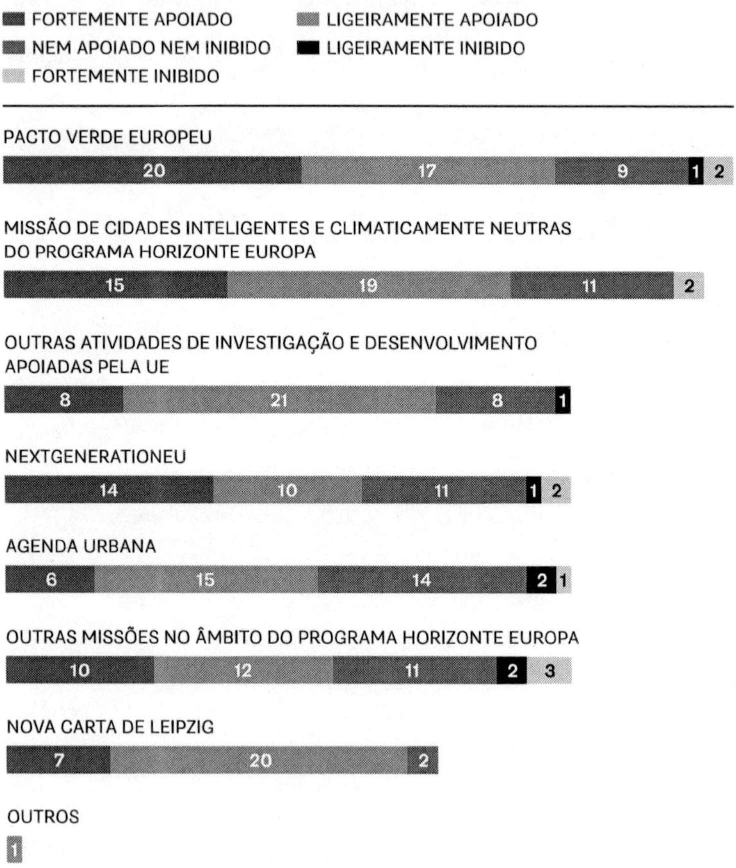

FONTE: European Environment Agency, 2020, p. 50

Dessa forma, é possível notar uma forte identificação da importância das políticas comunitárias para a sustentabilidade por parte dos entrevistados. Por meio das entrevistas é possível notar diferentes formas de influência, desde o acesso aos financiamentos, assim como as normativas e regulações que também influenciam a adoção de políticas ambientalmente sustentáveis. Recuperando a classificação desenvolvida por Cortella (2020), o acesso aos fundos pode ser diretamente identificado como influência instrumental, já as diretrizes, estratégias e regulações podem ser identificas como influência estrutural, como visto no Gráfico 3. De ambas as formas, a UE aparece como um polo de influência.

Considerações finais

A partir da análise do histórico da agenda de sustentabilidade ambiental urbana e dos projetos e iniciativas desenvolvidos ao longo dos anos é possível observar algumas das formas que as instituições comunitárias, em especial a Comissão Europeia, influenciou na promoção desta agenda. A expansão dessas agendas responde também a mudanças de ordem internacional, à opinião pública, ao avanço das pesquisas, assim como da crise climática. No entanto, é possível afirmar que as instituições europeias tiveram um papel de destaque na promoção desses valores nas políticas locais.

Nesse processo, dois pontos foram fundamentais: a necessidade de adequar-se aos padrões e requisitos de sustentabilidade ambiental para a obtenção de financiamento e o aumento dos recursos disponíveis. O primeiro ponto, já previsto nos tratados e nas diretrizes elaborados pela Comissão, se mostrou um dos fatores mais importantes na promoção da sustentabilidade para as políticas urbanas, como apontam as pesquisas de opinião realizadas com gestores de diferentes cidades comunitárias. Paralelamente, os financiamentos de iniciativas que se enquadram ou dialogam com o urbanismo sustentável cresceram exponencialmente, culminando no Pacto Verde Europeu e no NextGenerationEU como sendo iniciativas de investimento e fontes de recursos para o financiamento de políticas urbanas e para a sustentabilidade ambiental.

Essa influência pode ser considerada como dimensões do processo de europeização das políticas urbanas (Marshall, 2005; Cortela, 2020). As medidas promoveram a harmonização dos padrões e a integração de forma a tornarem as políticas urbanas 'mais europeias', ou, de acordo com Marshall, promovendo '*download* de europeização'. Por outro lado, o próprio discurso da sustentabilidade é associado às instituições europeias, como pode ser observado pelas pesquisas de percepção, reforçando ainda mais a ideia de europeização ou de influência. Nos próximos anos, com o desenvolvimento do Pacto Verde Europeu e do NextGenerationEU, haverá ainda mais iniciativas de sustentabilidade ambiental urbana financiadas pela UE, o que talvez atue acentuando ainda mais os processos abordados.

COTELLA, Giancarlo. "How Europe hits home? The impact of European Union policies on territorial governance and spatial planning". *In: Géocarrefour* 94, 2020.

DUHR, Stefanie; COLOMB, Claire; NADIN, Vicent. *European Spatial Planning and Territorial Cooperation.* Routledge. 2010.

EUROPEAN COMMISSION. *The European Green Deal.* 2025a Disponível em: **https://ec.europa.eu/regional_policy/funding/cohesion-fund/2014-2020_en.**

EUROPEAN COMMISSION. *European Green Capital Award.* 2025b. Disponível em: **https://environment.ec.europa.eu/topics/urban-environment/european-green-capital-award_en.**

EUROPEAN COMMISSION. *New Urban Agenda.* 2025c Disponível em: **https://ec.europa.eu/regional_policy/policy/themes/urban-development/new-urban-agenda_en.**

EUROPEAN COMMISSION. *Recovery plan for Europe.* 2025d. Disponível em: **https://commission.europa.eu/strategy-and-policy/recovery-plan-europe_en.**

EUROPEAN COMMISSION. *Urban Development.* 2025e Disponível em: **https://ec.europa.eu/regional_policy/policy/themes/urban-development_en.**

EUROPEAN COMMISSION. *Urban Development Agenda.* 2025f. Disponível em: **https://ec.europa.eu/regional_policy/policy/themes/urban-development/agenda_en.**

EUROPEAN COMMISSION. *Sustainable Urban Development in the European Union*: A Framework for Action. Communication from the Commission, 1998.

EUROPEAN COMMISSION. *Urban Pilot Projects. Annual Report* 1997. 1997.

EUR-LEX. *Communication from the Commission*: Sustainable Urban Development in the European Union: A Framework for Action. 1999. Disponível em: **https://eur-lex.europa.eu/legal-content/EN/TXT/HTML/?uri=CELEX:51999DC0543.**

EUROPEAN ENVIRONMENT AGENCY. *Urban sustainability in Europe*. 2025 Disponível em: **https://www.eea.europa.eu/themes/sustainability-transitions/urban-environment/urban-sustainability-in-europe.**

EUROPEAN ENVIRONMENT AGENCY. *Urban sustainability in Europe. Post-pandemic drivers of environmental transitions.* EEA Repot. 2022

EUROPEAN ENVIRONMENT AGENCY. *Urban sustainability in Europe. A stakeholder-led process.* EEA Repot. 2021

EUROPEAN ENVIRONMENT AGENCY. *Urban Sustainability in Europe What is driving cities' environmental change?*. EEA Report. 2020

EUROPEAN PARLIAMENT. *Environment policy*: general principles and basic framework. 2025a. Disponível em: **https://www.europarl.europa.eu/factsheets/en/sheet/71/environment-policy-general-principles-and-basic-framework.**

EUROPEAN PARLIAMENT. *Os Tratados de Maastricht e de Amsterdã*. Disponível em: **https://www.europarl.europa.eu/factsheets/pt/sheet/3/os-tratados-de-maastricht-e-de-amesterdao. 2025b.**

EUROPEAN UNION. *Cohesion Fund 14-20*. 2025a Disponível em: **https://cohesiondata.ec.europa.eu/funds/cf/14-20.** Acesso em: 9 maio 2025.

EUROPEAN UNION. *NextGenerationEU*. 2025b. Disponível em: **https://next-generation-eu.europa.eu/index_en.**

EUROPEAN URBAN INITIATIVE. *The European Urban Initiative*. 2025a Disponível em: **https://www.urban-initiative.eu/what-european-urban-initiative#anchor-who-we-are.**

EUROPEAN URBAN INITIATIVE. *Urban Agenda for the EU.* 2025b Disponível em: **https://www.urbanagenda.urban-initiative.eu**.

FETTING, Constanze. "The European Green Deal". *In: ESDN Report*, 2020.

HALMAGHI, Elizabeta-Emilia. "Environmental Action Programmes of the European Union — Programmes Supporting the Sustainable Development Strategy of the European Union". *In: Scientific Bulletin*, 21, 2006. p. 87–90.

RISSE, Thomas; COWLES, Maria Green; CAPORASO, James. "Introduction". *In*: COWLES, Green M.; CAPORASO, James; RISSE, Thomas (eds). *Transforming Europe*: Europeanization and Domestic Change. Ithaca, NY: Cornell University Press. 2001

MARSHALL, Adam. "Europeanization at the urban level: Local actors, institutions and the dynamics of multi-level interaction". *In*: *Journal of European Public Policy* 12, 2005. p. 668–686.

POLLACK, Mark. "Creeping Competence: The Expanding Agenda of the European Community". *In*: *Cambridge University Press*, v. 14, 2, p. 95-145, 1994.

SUSTAINABLE CITIES PLATFORM. *Aalborg (1994)*. 2025. Disponível em: **https://sustainablecities.eu/conferences/aalborg/**.

URBACT. *Urbact.* 2025. Disponível em: **https://urbact.eu**.

URBAN INNOVATIVE ACTIONS. *What is Urban Innovative Actions?.* 2025 Disponível em: **https://uia-initiative.eu/en/about-us/what-urban-innovative-actions**.

CAPÍTULO 7

ECONOMIA E FINANÇAS AZUIS: O PAPEL DO BANCO MUNDIAL NOS PROJETOS FINANCIADOS PELO PROBLUE NA EUROPA E NA AMÉRICA LATINA E CARIBE (2020-2024)

Thauan Santos
Carine Lacerda

Introdução

A agenda oceânica ascendeu a uma posição de proeminência sem precedentes na política internacional, transcendendo sua associação histórica com a segurança e a navegação para se firmar como um pilar do desenvolvimento global. Impulsionada pela crescente conscientização sobre a finitude dos recursos terrestres e a urgência das crises climática e de biodiversidade, a comunidade internacional volta seu olhar para o oceano como uma fronteira de oportunidades e soluções (United Nations, 2023). Fóruns multilaterais, como a Conferência dos Oceanos da Organização das Nações Unidas (UNOC, sigla em inglês), e acordos históricos, como o Tratado de Biodiversidade Além da Jurisdição Nacional (BBNJ, sigla em inglês), refletem um consenso emergente: a saúde do oceano e o futuro da humanidade estão intrinsecamente ligados, exigindo uma governança mais robusta, cooperativa e integrada.

Nesse contexto, o oceano assume um papel central no enfrentamento dos maiores desafios globais do século XXI. Como regulador climático fundamental, absorve cerca de 25% das emissões anuais de dióxido de carbono (CO_2) e mais de 90% do excesso de calor gerado pelo efeito estufa, sendo um aliado indispensável na luta contra as mudanças climáticas (IPCC, 2019). Além disso, é uma fonte vital para a segurança alimentar de bilhões de pessoas, um espaço estratégico para a transição energética por meio de fontes renováveis, como a eólica *offshore*, e um motor para a inclusão social e econômica de comunidades costeiras. A gestão sustentável dos ecossistemas marinhos, portanto, não é apenas uma questão ambiental, mas uma condição indispensável para o avanço da Agenda 2030, por meio dos Objetivos de Desenvolvimento Sustentável (ODS), em especial o ODS 14 (Vida na Água) (UNCTAD, 2023).

É nesse cenário que o conceito de economia azul se consolida como um paradigma estratégico. Ela propõe um modelo de desenvolvimento (sustentável) que busca conciliar a prosperidade econômica com a regeneração dos ecossistemas marinhos e a equidade social (World Bank; UN DESA, 2017). Trata-se de um enfoque que valoriza não apenas os setores tradicionais (pesca artesanal, turismo costeiro e transporte marítimo, por exemplo), mas também áreas emergentes como a biotecnologia marinha, as energias renováveis oceânicas e o sequestro de carbono (OECD, 2016, 2025), sempre sob a premissa da sustentabilidade. A economia azul, consequentemente, representa a operacionalização do desenvolvimento sustentável no ambiente marinho e costeiro, um imperativo para uma nova relação entre a humanidade e o oceano.

Contudo, a transição para uma economia azul robusta e inclusiva depende criticamente de um fator: o financiamento. Historicamente, a agenda oceânica tem sido marginalizada nos fluxos de investimento, tanto públicos quanto privados, resultando em um déficit crônico de recursos para a ciência, a governança e a implementação de projetos sustentáveis. O financiamento azul (*blue finance*) surge, assim, como um campo estratégico para catalisar essa transformação, mobilizando capital por meio de instrumentos inovadores como os títulos azuis (*blue bonds*), fundos fiduciários e mecanismos de pagamento por serviços ecossistêmicos, garantindo que as atividades econômicas contribuam positivamente para a saúde do oceano (OECD, 2020).

A eficácia tanto da economia azul quanto do financiamento que a suporta está condicionada à sua capacidade de se adaptar às realidades locais e regionais. As prioridades, os desafios e as oportunidades variam com diferentes contextos geográficos, socioeconômicos e institucionais. Ignorar essas especificidades pode levar a projetos mal concebidos, que exacerbam desigualdades existentes ou geram novos conflitos socioambientais. Uma abordagem sensível ao contexto é, portanto, fundamental para garantir que os benefícios da economia azul sejam distribuídos de forma justa e que as soluções propostas sejam verdadeiramente sustentáveis e resilientes.

Essa diferenciação é particularmente evidente ao comparar as regiões da América Latina e Caribe (ALC) e da Europa. Na Europa, a agenda da economia azul encontra-se em um estágio mais avançado, amparada por políticas consolidadas como o Pacto Verde Europeu, instituições robustas e um volume significativo de recursos próprios para investimento em inovação e infraestrutura (European Commission, 2021). Os setores potenciais focam em alta tecnologia, como energia eólica *offshore* e biotecnologia. Em contrapartida, a ALC, apesar de sua imensa riqueza marinha, enfrenta desafios estruturais como a fragilidade institucional, a dependência de setores extrativistas tradicionais e uma maior vulnerabilidade aos impactos climáticos. O financiamento externo, como o oferecido pelo Banco Mundial, desempenha um papel crucial para preencher as lacunas de investimento e fortalecer as capacidades locais (ECLAC, 2022).

Diante do exposto, o objetivo deste capítulo é analisar e comparar os projetos financiados pelo fundo fiduciário PROBLUE do Banco Mundial, com o recorte geográfico da ALC e da Europa, cobrindo o período entre 2020 e 2024. A relevância deste estudo reside em sua capacidade de oferecer uma visão territorializada e crítica sobre como o financiamento multilateral está moldando a agenda da economia azul em contextos de desenvolvimento distintos. A contribuição para a literatura especializada se manifesta em três frentes: (i) mapear as prioridades de investimento do Banco Mundial, revelando convergências e divergências entre as duas regiões; (ii) analisar a aderência dos projetos aos princípios de sustentabilidade e inclusão social; e (iii) identificar lacunas e oportunidades para otimizar o impacto do financiamento azul no futuro.

Para alcançar tal objetivo, este capítulo está estruturado da seguinte forma: após esta breve introdução, a segunda seção apresenta uma revisão da literatura teórico-conceitual, articulando os conceitos de economia azul, financiamento e desenvolvimento sustentável. A terceira seção detalha o papel do Banco Mundial e a estrutura do fundo PROBLUE. Em seguida, a quarta seção descreve a metodologia utilizada para a coleta e análise dos dados, explicando as escolhas metodológicas e a maneira com que os dados serão analisados. A quinta seção, por sua vez, apresenta e discute os resultados da análise comparativa dos projetos. Por fim, a sexta seção oferece as conclusões do estudo, destacando suas principais contribuições e sugerindo caminhos para futuras pesquisas. Após as conclusões, são apresentadas as referências.

Economia e financiamento azuis

A transição para um modelo de desenvolvimento que respeite os limites planetários e promova a equidade social impulsionou a busca por novos paradigmas econômicos. Nesse contexto, o conceito de economia azul emergiu como uma proposta estratégica, originada do reconhecimento do oceano como fonte de riqueza, mas condicionando sua exploração à sustentabilidade e à equidade (Silver *et al.*, 2015). Embora o termo seja frequentemente utilizado, sua definição não é única, nem consensuada. Instituições como o Banco Mundial e a União Europeia (UE) adotam uma visão pragmática, definindo-a como o uso sustentável dos recursos oceânicos para o crescimento econômico, a melhoria dos meios de subsistência e o emprego, preservando a saúde do ecossistema oceânico, alinhando-se diretamente aos preceitos do desenvolvimento sustentável (World Bank; UN DESA, 2017; European Commission, 2021).

Apesar das diferentes abordagens, que incluem visões mais radicais e menos precisas, como a de Gunter Pauli (2010) e seu modelo de 'resíduo zero', cresce a necessidade de superar a visão puramente concentrada na mensuração econômica das atividades, conceito amplamente referido no Brasil como 'economia do mar'. Como aponta Colgan (2007), um dos pioneiros na mensuração das atividades oceânicas, a economia oceânica tradicionalmente quantificou o valor de setores como pesca e turismo. A economia azul, por sua vez, expande esse escopo para incluir o valor intangível dos serviços ecossistêmicos e o imperativo da sustentabilidade como critérios centrais, respondendo à demanda por instrumentos capazes de viabilizar práticas responsáveis no oceano (IOC-UNESCO, 2021).

A operacionalização da economia azul, contudo, enfrenta desafios distintos conforme a realidade socioeconômica. Em países desenvolvidos, como os da Europa, a agenda é impulsionada pela inovação tecnológica e pela busca de novas fronteiras econômicas, como a energia renovável marinha e a biotecnologia azul. A Organização para a Cooperação e Desenvolvimento Econômico (OECD, da sigla em inglês) destaca que, nesses contextos, o foco está na descarbonização dos setores marítimos e no desenvolvimento de indústrias de alto valor agregado, amparadas por regulação sofisticada e investimentos robustos, vendo a transição como uma oportunidade de liderança tecnológica (OECD, 2016).

Por outro lado, em países em desenvolvimento, como os da ALC, a economia azul adquire contornos diferentes. A prioridade recai sobre a melhoria da gestão de setores tradicionais, como a pesca artesanal e o turismo costeiro e marítimo, que são fundamentais para a subsistência de milhões de pessoas e altamente geradores de empregos. A Comissão Oceanográfica Intergovernamental da Organização das Nações Unidas para a Educação, a Ciência e a Cultura (IOC-UNESCO) enfatiza a importância de fortalecer a governança, combater a pesca ilegal e aumentar a resiliência costeira, ameaças particulares desta região. Aqui, a economia azul é, antes de tudo, uma agenda de inclusão social, segurança alimentar e adaptação climática, em que lacunas regulatórias e a dependência de *commodities* impõem desafios adicionais (Santos, 2023; Santos; Colgan, 2023).

Essa diferenciação regional evidencia a necessidade de abordagens territorializadas. Atenção especial deve ser dada à importação de modelos de economia azul concebidos no Norte Global, sem a devida adaptação, correndo-se o risco de gerar um 'colonialismo azul', em que as prioridades de nações desenvolvidas se sobrepõem às necessidades locais. A promoção de uma economia azul genuinamente sustentável no Sul Global exige, portanto, o fortalecimento da ciência local e a participação efetiva das comunidades. A IOC-UNESCO (2021) reforça essa visão, apontando que *frameworks* regulatórios robustos, tanto globais quanto regionais, são essenciais para orientar investimentos e fortalecer a capacitação, especialmente nos contextos de maior vulnerabilidade.

É nesse ponto que o financiamento se torna um elemento crítico. A transição para uma economia azul efetivamente sustentável, justa e inclusiva demanda um volume de capital que excede a capacidade de investimento dos setores públicos, especialmente em países em desenvolvimento e/ou endividados. O financiamento azul (*blue finance*) surge como resposta, buscando mobilizar capital privado por meio de instrumentos como os títulos azuis (*blue bonds*) e fundos de impacto (OECD, 2020). Em países em desenvolvimento, a dependência desses mecanismos internacionais é mais notável devido à limitação de recursos próprios e à alta vulnerabilidade socioambiental.

A lógica do financiamento azul, embora promissora, não está isenta de críticas. A principal delas é o risco de *bluewashing*, ou seja, a rotulagem de projetos como 'azuis' sem que haja um impacto socioambiental positivo e mensurável. Para mitigar esse risco, instituições como o Pacto Global da ONU e a International Capital Market Association (ICMA) têm desenvolvido princípios para garantir a transparência e a credibilidade dos investimentos. A definição de métricas de impacto robustas e sistemas de monitoramento, relatório e verificação (MRV) é fundamental para a integridade do mercado.

De fato, a dinâmica do financiamento azul difere entre as regiões. Na Europa, mercados de capitais maduros e uma crescente demanda por ativos sustentáveis facilitam a emissão de títulos verdes e azuis. O financiamento, por consequência, tende a se concentrar em projetos de grande escala e alta tecnologia, com retornos financeiros previsíveis, e a regulação, como a Taxonomia da UE, cria um padrão para o investimento sustentável (European Commission, 2021).

Na ALC, por outro lado, o cenário é mais complexo. A percepção de maior risco político e econômico pode afastar investidores, tornando o financiamento multilateral e a cooperação internacional ainda mais essenciais. Os projetos frequentemente precisam de uma estrutura mista (*blended finance*), combinando recursos concessionais com capital privado para viabilizar iniciativas que, de outra forma, não seriam 'bancáveis'. O desafio, apontado pelo Banco Mundial (2022), é estruturar projetos que sejam, ao mesmo tempo, impactantes e atraentes para o capital privado, superando a dificuldade de alavancar o financiamento (*crowding in*) em economias de menor renda.

Em suma, a promoção do desenvolvimento sustentável por meio da economia azul é um processo multifacetado, cuja forma e substância são moldadas pelo contexto. A articulação entre os conceitos de economia azul e financiamento azul revela uma tensão entre as lógicas do mercado de capitais global e as necessidades de desenvolvimento local. Enquanto a OECD e o Banco Mundial promovem uma visão que busca alinhar os interesses de investidores com metas de sustentabilidade, autores como Santos (2023) e organizações como a IOC-UNESCO (2021) alertam para a importância de garantir que essa agenda seja inclusiva e participativa. A análise de como fundos como o PROBLUE navegam essa complexidade é, portanto, essencial para compreender o futuro da governança global do oceano.

Banco Mundial e PROBLUE

O Banco Mundial é uma organização financeira multilateral cuja finalidade central é contribuir para a eliminação da pobreza extrema e fomentar a prosperidade de forma inclusiva, respeitando os limites do planeta. Criado em 1944, o grupo é formado por cinco instituições interligadas que atuam conjuntamente na oferta de apoio financeiro e assistência técnica a países em desenvolvimento. Suas ações se concentram no fortalecimento de capacidades institucionais, no financiamento de projetos estratégicos e no suporte à formulação de políticas públicas em consonância com os ODS (World Bank, 2025).

Entre as instituições que compõem o grupo, destacam-se o Banco Internacional para Reconstrução e Desenvolvimento (BIRD) e a Associação Internacional de Desenvolvimento (AID). O BIRD trabalha com países de renda média e com nações de baixa renda com acesso ao mercado de crédito, levantando recursos por meio da emissão de títulos em mercados financeiros globais. Esses recursos são usados para financiar iniciativas em setores como infraestrutura, saúde, educação e meio ambiente, com condições de financiamento favoráveis. Por sua vez, a AID presta apoio aos países mais vulneráveis, por meio de empréstimos subsidiados e doações financiadas majoritariamente pelas contribuições de países desenvolvidos (World Bank, 2025).

O grupo inclui ainda outras três entidades com funções complementares: a Corporação Financeira Internacional (IFC, sigla em inglês), voltada ao estímulo do setor privado em economias em desenvolvimento; a Agência Multilateral de Garantia de Investimentos (MIGA, sigla em inglês), que fornece seguros contra riscos políticos a investidores estrangeiros; e o Centro Internacional para Resolução de Disputas sobre Investimentos (CIADI, sigla em inglês), que atua na mediação de conflitos entre Estados e investidores. A atuação do Banco Mundial abrange desde o financiamento e a concessão de doações até o fornecimento de assistência técnica e a produção de conhecimento aplicado, com foco no desenvolvimento sustentável e no aprimoramento institucional dos países parceiros (World Bank, 2025).

Em 2024, o Banco Mundial contava com 189 países-membros. Sua governança é estruturada segundo um sistema de votos proporcionais ao capital investido por cada membro, conferindo aos maiores acionistas maior influência sobre as decisões estratégicas. A gestão é realizada por dois principais órgãos: o Conselho de Governadores, formado por representantes de alto nível de cada país (como ministros da Fazenda), e o Conselho de Diretores Executivos, responsável por supervisionar as operações do dia a dia. As atividades do Banco são organizadas em torno de cinco áreas temáticas, coordenadas por vice-presidências: Pessoas, Prosperidade, Planeta, Infraestrutura e Digital (World Bank, 2025).

O PROBLUE é um fundo fiduciário multidoadores (*Multi-Donor Trust Fund* — MDTF) criado em 2018 pelo Banco Mundial com o objetivo de apoiar o desenvolvimento sustentável dos recursos marinhos e costeiros em países em desenvolvimento. No âmbito das organizações internacionais de desenvolvimento, os fundos fiduciários são mecanismos financeiros utilizados por doadores para direcionar recursos a objetivos específicos, muitas vezes fora do orçamento regular da instituição. Essa estrutura permite aos financiadores estabelecerem condições para o uso dos recursos, garantindo maior influência sobre as decisões e prioridades dos projetos apoiados (Reinsberg, 2017).

A iniciativa surgiu em resposta à crescente urgência de enfrentar os impactos das mudanças climáticas, da poluição e da perda de biodiversidade no oceano, ao mesmo tempo em que promove uma economia azul inclusiva e resiliente. Com forte apoio de países doadores e envolvimento direto com mais de 100 economias beneficiárias, o PROBLUE se consolidou como o principal mecanismo do Banco Mundial para operacionalizar sua estratégia oceânica global (World Bank, 2025).

A estrutura do PROBLUE está organizada em torno de quatro pilares temáticos: (1) aprimoramento da governança da pesca e da aquicultura; (2) combate ao lixo marinho e à poluição oceânica; (3) transição sustentável dos setores econômicos tradicionais ligados ao oceano; e (4) abordagem integrada da paisagem marinha. A Figura 1 apresenta os atuais pilares o PROBLUE:

FIGURA 1. **Os 4 pilares do PROBLUE**

FONTE: Elaboração própria

Além desses pilares, desde o ano fiscal de 2024, quatro temas transversais passaram a guiar suas atividades: inclusão social e equidade de gênero; ação climática; biodiversidade; e financiamento inovador, com ênfase na maximização do financiamento para o desenvolvimento

(MFD) (World Bank, 2025). A Figura 2 sumariza os temas transversais em questão.

FIGURA 2. **Os 4 temas transversais do PROBLUE**

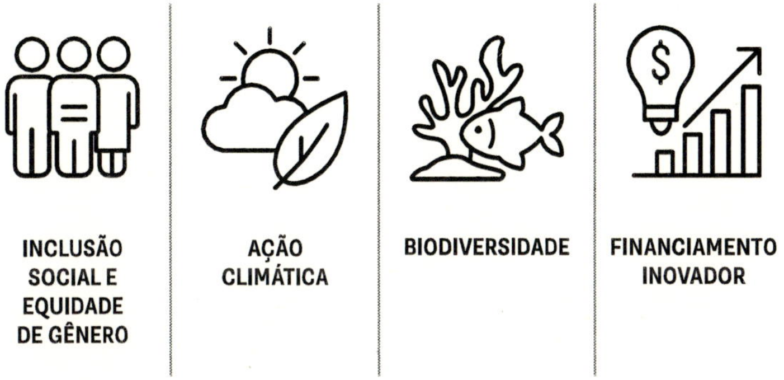

FONTE: Elaboração própria

O PROBLUE foi concebido para catalisar o engajamento dos países no cumprimento de compromissos multilaterais relacionados à conservação marinha. Dentre os acordos globais com os quais o programa se alinha, destacam-se o Acordo de Paris[1], o Quadro Global de Biodiversidade de Kunming-Montreal (KMGBF)[2], o Acordo da

1. Adotado em 2015 no âmbito da Convenção-Quadro das Nações Unidas sobre Mudança do Clima (UNFCCC), estabelece metas globais para limitar o aumento da temperatura média do planeta a bem abaixo de 2°C, preferencialmente a 1,5 °C, e promover esforços de mitigação, adaptação e financiamento climático de longo prazo.

2. Adotado em 2022 durante a COP15 da Convenção sobre Diversidade Biológica (CDB), estabelece metas para frear a perda da biodiversidade até 2030, incluindo o objetivo '30x30', que visa proteger e gerenciar de forma eficaz 30% das áreas terrestres e marinhas do planeta.

Organização Mundial do Comércio (OMC) sobre Subsídios à Pesca[3], o Tratado BBNJ sobre Biodiversidade Marinha em Áreas Além da Jurisdição Nacional[4] e as negociações em curso para um instrumento juridicamente vinculante sobre poluição plástica (ILBI)[5]. O PROBLUE oferece suporte técnico e financeiro para a implementação nacional desses compromissos, particularmente em países de renda baixa e média, incluindo pequenas ilhas em desenvolvimento (SIDS) (World Bank, 2025).

A origem do PROBLUE também está relacionada à reestruturação de mecanismos anteriores de apoio à pesca sustentável. Em 2019, o programa PROFISH, então principal iniciativa do Banco Mundial voltada à governança da pesca, foi incorporado à estrutura do PROBLUE. Com isso, suas ações passaram a compor o Pilar 1 do novo programa. O PROFISH deixou de funcionar como iniciativa autônoma em 2020, e suas abordagens foram integradas à estratégia ampliada de apoio à economia azul do Banco Mundial (World Bank, 2020).

Ao longo dos seus primeiros cinco anos de atuação, o PROBLUE arrecadou mais de US$ 280 milhões em doações de países como Alemanha, França, Reino Unido, Noruega, Suécia, Canadá, Austrália e Estados Unidos. Cerca de US$ 180 milhões já foram destinados a

---

3. Aprovado em 2022, é o primeiro tratado multilateral da Organização Mundial do Comércio com foco ambiental. Seu objetivo é proibir subsídios que contribuem para a pesca ilegal, não declarada e não regulamentada (INN) e reduzir incentivos à sobrepesca e à superexploração dos estoques marinhos.

4. Adotado em 2023 no âmbito da Convenção das Nações Unidas sobre o Direito do Mar (UNCLOS), visa regulamentar a conservação e o uso sustentável da biodiversidade marinha em águas internacionais, com ênfase no acesso a recursos genéticos, partilha de benefícios e avaliação de impacto ambiental.

5. Atualmente em negociação no Comitê Intergovernamental de Negociação (INC), busca estabelecer um tratado global legalmente vinculante para combater a poluição por plásticos desde sua produção até o descarte, com foco na proteção da saúde humana e dos ecossistemas marinhos.

estudos analíticos, capacitações técnicas, reformas regulatórias e cofinanciamento de projetos em países parceiros. Estima-se que, para cada dólar investido no PROBLUE, foram alavancados US$ 62 em financiamento adicional do Banco Mundial. Em 2024, o PROBLUE foi oficialmente prorrogado até 2030, com a publicação de um plano de negócios para o período 2024–2030. Essa nova fase prevê um orçamento total de US$ 600 milhões, dos quais 75% serão destinados a atividades executadas pelos próprios países beneficiários (REDA) e 25% a ações executadas pelo Banco Mundial (BEDA) (World Bank, 2024).

O PROBLUE também reforçou sua atuação em fóruns multilaterais, como a Conferência da ONU sobre o Oceano e as negociações do tratado global sobre plásticos. Até 2024, o PROBLUE contava com 11 países doadores, sendo cinco deles da UE: Alemanha, França, Suécia, Dinamarca e Irlanda (World Bank, 2024).

Contudo, é necessário ter atenção especial a alguns pontos, como destacados a seguir. Apesar de sua crescente relevância, a atuação do PROBLUE não está isenta de debates e críticas na literatura especializada. Uma das principais questões levantadas é o potencial desalinhamento entre as prioridades dos países doadores que financiam o fundo e as necessidades reais dos países beneficiários. Como um fundo fiduciário multidoadores, o PROBLUE opera em uma complexa teia de interesses geopolíticos e econômicos, na qual a alocação de recursos pode, por vezes, refletir mais a agenda de política externa dos doadores, como a promoção de suas próprias tecnologias de energia limpa ou a abertura de mercados para suas empresas, do que uma estratégia de desenvolvimento endógeno e territorializado.

Além disso, a abordagem do Banco Mundial de 'Maximizar o Financiamento para o Desenvolvimento' (MFD), que orienta a atuação do PROBLUE, prioriza a utilização de recursos públicos e concessionais para 'alavancar' o investimento privado, mitigando os riscos para os investidores. Embora essa abordagem possa ampliar o volume total de capital disponível, ela pode levar a uma privatização dos lucros e socialização dos riscos. Ademais, o foco em projetos 'bancáveis' pode marginalizar iniciativas de alto impacto social e ambiental, mas com baixo retorno financeiro, como o apoio à pesca artesanal de pequena escala ou a restauração de ecossistemas que não geram receitas diretas. Portanto, um grande desafio deste capítulo é analisar se os projetos do PROBLUE conseguem, efetivamente, equilibrar a atratividade para o capital privado com a promoção de um desenvolvimento verdadeiramente inclusivo e ecologicamente regenerativo.

Metodologia

O presente capítulo tem como objetivo analisar e comparar os projetos financiados pelo Banco Mundial, por intermédio do fundo fiduciário multidoadores PROBLUE, nas regiões da ALC e Europa. Embora apenas um subconjunto de países europeus tenha sido diretamente beneficiado por projetos com financiamento do PROBLUE, notadamente Moldávia, Montenegro, Albânia, Ucrânia, Geórgia e Turquia, a presença de Estados-membros da UE como principais doadores do fundo justifica uma análise que considere não apenas os fluxos diretos de recursos, mas também a orientação estratégica e os interesses geopolíticos que moldam a agenda da economia azul no espaço europeu. Nesse sentido, o presente estudo incluiu a Europa como recorte comparativo, ainda que o grupo de países beneficiados represente apenas uma fração do continente, por compreender que o engajamento da UE com o PROBLUE repercute diretamente na definição de prioridades temáticas e regionais.

A análise busca identificar padrões regionais de investimento, temáticas prioritárias, e contribuições para a consolidação da economia azul, com base nos dados reportados pelo próprio Banco

Mundial. A base de dados utilizada foi construída a partir da leitura e sistematização de cinco relatórios anuais do PROBLUE referentes ao período de 2020 a 2024, disponibilizados publicamente pelo Banco Mundial. Esses documentos foram examinados integralmente, com atenção especial às seções que detalham a distribuição regional das atividades, os temas e pilares de atuação e os volumes de financiamento aprovados. As informações extraídas foram organizadas em planilhas do Microsoft Excel, permitindo a categorização dos dados. Essa estruturação possibilitou a construção de gráficos comparativos e tabelas analíticas que serviram de base para a discussão dos resultados.

A escolha do período de análise, de 2020 a 2024, justifica-se por ser o intervalo em que o PROBLUE se consolidou como o principal mecanismo do Banco Mundial para a economia azul, após a incorporação do programa PROFISH. Além disso, esse recorte temporal abrange os dados oficialmente divulgados pelo próprio PROBLUE, permitindo uma análise baseada em informações completas e padronizadas. Trata-se, portanto, do período mais adequado para avaliar os avanços e resultados do programa até o momento. Esse período coincide também com marcos globais cruciais, como o início da Década do Oceano da ONU (2021-2030) e a negociação de novos acordos multilaterais, permitindo uma análise da resposta do fundo às prioridades emergentes da agenda internacional. A seleção das regiões da ALC e Europa como foco comparativo se deve às suas distintas trajetórias na agenda da economia azul. A ALC representa uma região de alta biodiversidade marinha e grande dependência socioeconômica do oceano, mas com significativos desafios institucionais e financeiros. A Europa, por sua vez, representa um bloco de países desenvolvidos com políticas avançadas e papel de liderança, tanto como doadora quanto como definidora de padrões, tornando a comparação rica para a análise das diferentes abordagens do financiamento azul.

O PROBLUE financia iniciativas em três escalas de atuação: nacional, regional e global. Projetos nacionais concentram-se no apoio direto a políticas, instituições e intervenções específicas de um país. Já os projetos regionais abordam desafios compartilhados por múltiplos países de uma mesma área geográfica, enquanto as ações globais envolvem produção de conhecimento, desenvolvimento de ferramentas e apoio a agendas internacionais voltadas à economia azul. Para este estudo, optou-se por excluir os projetos classificados como de escopo global no portfólio do PROBLUE, a fim de garantir maior precisão na identificação de fluxos financeiros efetivamente direcionados às regiões da ALC e Europa.

Embora iniciativas globais possam gerar impactos indiretos ou disseminar benefícios técnicos e normativos que alcançam múltiplas regiões, sua abrangência transnacional dificulta a atribuição objetiva de recursos, resultados e impactos mensuráveis a países ou blocos geográficos específicos. Além disso, a inclusão de projetos globais comprometeria a comparabilidade dos dados regionais, uma vez que os valores alocados não refletem necessariamente a prioridade ou intensidade do engajamento financeiro com os contextos nacionais e regionais analisados. Assim, ao concentrar-se exclusivamente em projetos com escopo regional ou nacional definido, este estudo busca oferecer uma visão mais acurada e territorializada do financiamento do PROBLUE.

Para esta análise, os setores econômicos associados à economia azul foram definidos com base na estrutura temática do PROBLUE, conforme apresentado na tabela a seguir:

TABELA 1. **Pilares e setores econômicos do PROBLUE**

PILAR DO PROBLUE	SETORES ECONÔMICOS
PILAR 1. Gestão integrada e sustentável dos recursos marinhos e costeiros	• Pesca e aquicultura (artesanal e industrial) • Conservação marinha e áreas protegidas • Turismo costeiro e marinho sustentável • Cadeias de valor de produtos do mar
PILAR 2. Combate à poluição marinha, com foco em plásticos	• Manufatura e embalagens plásticas • Gestão de resíduos sólidos e saneamento • Logística e transporte de resíduos • Reciclagem e economia circular
PILAR 3. Economia azul sustentável	• Transporte marítimo e portos • Energia *offshore* (eólica, maré, solar flutuante etc.) • Bioeconomia marinha • Turismo marinho • Biotecnologia marinha
PILAR 4. Governança e fortalecimento institucional	• Órgãos públicos ambientais, pesqueiros e marítimos • Agências reguladoras do setor naval e portuário • Planejamento espacial marinho • Monitoramento ambiental

FONTE: Elaboração própria

Resultados

Com base nos dados extraídos dos relatórios anuais do PROBLUE, foi possível realizar uma análise comparativa entre os projetos financiados nas regiões ALC e Europa. A amostra incluiu 41 projetos distribuídos entre diferentes países e grupos regionais, organizados por pilar de atuação e volume de financiamento (Tabela 2).

TABELA 2. **Projetos financiados pelo Banco Mundial (PROBLUE e PROFISH) na América Latina, Caribe e Europa, de 2020 a 2024**

ANO FISCAL	FUNDO	NOME DA ATIVIDADE	REGIÃO	PAÍS OU REGIÃO
2024	PROBLUE	América Latina e Caribe: Plataforma de Assessoria Técnica da Economia Azul (LCR BETAP) – PASA Fase I – Caribe Amplo	ALC	ALC
2024	PROBLUE	Construindo uma governança duradoura em todo o Corredor Marinho Tropical do Pacífico Oriental	ALC	Colômbia, Costa Rica, Equador, Panamá
2024	PROBLUE	Resiliência da zona costeira na região Moskitia-Costa Atlântica de Honduras	ALC	Honduras
2024	PROBLUE	Poluição marinha como principal obstáculo ao desenvolvimento sustentável do turismo costeiro de Surf City em El Salvador	ALC	El Salvador
2024	PROBLUE	Possibilitando uma gestão eficaz do lixo marinho no Adriático	Europa	Albania, Montenegro
2024	PROBLUE	Iniciativa de Aquicultura Sustentável no Mar Negro	Europa	Geórgia, Moldávia
2024	PROBLUE	Fortalecer a governança dos espaços e recursos marinhos e costeiros da Colômbia para o crescimento azul e a equidade	ALC	Colômbia

VALOR DA PROPOSTA (US$)	PILAR	OBJETIVO
200.000	multi	Fortalecer a capacidade institucional e aumentar a conscientização sobre intervenções prioritárias da Economia Azul em países selecionados da América Latina e do Caribe para apoiar e ilustrar as melhores práticas no cumprimento de compromissos ambientais e climáticos globais.
1.000.000	multi	Apoiar a gestão integrada e estratégica do CMAR e desenvolver capacidades para sua implementação.
350.000	multi	Informar o Governo de Honduras sobre opções de políticas/programas públicos para o desenvolvimento costeiro e marinho inclusivo na região de Moskitia – Costa Atlântica de Honduras.
350.000	multi	Reduzir a poluição marinha e apoiar o turismo costeiro sustentável em Surf City.
300.000	2	O objetivo desta atividade é melhorar a base de evidências e informar abordagens e políticas inovadoras para lidar com o lixo marinho plástico no Adriático.
450.000	1	Ampliar o conhecimento ambiental no Mar Negro por meio da exploração de práticas sustentáveis de aquicultura, incluindo a aquicultura como uma solução baseada na natureza.
350.000	4	Ampliar o conhecimento sobre governança e oportunidades de desenvolvimento sustentável dos ativos marinhos e costeiros na Colômbia.

TABELA 2. **Projetos financiados pelo Banco Mundial (PROBLUE e PROFISH) na América Latina, Caribe e Europa, de 2020 a 2024**

ANO FISCAL	FUNDO	NOME DA ATIVIDADE	REGIÃO	PAÍS OU REGIÃO
2023	PROBLUE	Aproveitar o potencial dos oceanos para o desenvolvimento sustentável no Equador	ALC	Equador
2023	PROBLUE	Apoio ao desenvolvimento sustentável da aquicultura, pesca costeira e economia azul da Argentina	ALC	Argentina
2023	PROBLUE	Criação de ambiente favorável ao desenvolvimento da economia azul na Jamaica	ALC	Jamaica
2023	PROBLUE	Política de Plásticos e Apoio Técnico no Peru	ALC	Peru
2023	PROBLUE	Melhoria da Gestão de Plásticos e Circularidade na Turquia e Geórgia	Europa	Turquia, Geórgia
2023	PROBLUE	Financiamento Adicional: Melhoria da Gestão de Plásticos e Circularidade na Turquia, Geórgia e Ucrânia	Europa	Turquia, Geórgia, Ucrânia
2023	PROBLUE	Iniciativa de Resfriamento Limpo dos Oceanos no Caribe	ALC	Caribe

VALOR DA PROPOSTA (US$)	PILAR	OBJETIVO
1.200.000	4	Fortalecer as condições favoráveis para a economia azul no Equador.
500.000	multi	A atividade proposta visa informar áreas prioritárias para futuros investimentos na aquicultura, pesca costeira e economia azul da Argentina, de forma a também beneficiar países vizinhos da região.
280.000	4	Contribuir para a criação de um ambiente propício ao crescimento da economia azul da Jamaica e ao uso sustentável e gestão dos recursos oceânicos e marinhos.
350.000	2	Fornecer apoio técnico ao governo do Peru em seus esforços para controlar a poluição por plásticos nos níveis nacional e global.
600.000	2	Melhorar o conhecimento e o diálogo regional sobre o lixo marinho no Mar Negro e subsidiar abordagens e políticas inovadoras para enfrentar a poluição por plásticos.
120.000	2	Melhorar o conhecimento e o diálogo regional sobre o lixo marinho no Mar Negro e subsidiar abordagens e políticas inovadoras para enfrentar a poluição por plásticos.
340.000	3	Promover soluções de resfriamento limpas, eficientes e de baixo custo na região do Caribe para setores como edificações públicas e comerciais, turismo (hotéis e resorts), agricultura, manufatura e transporte (por exemplo, aeroportos), por meio da economia azul, com uso de ar-condicionado com água do mar (SWAC) e subprodutos da aquicultura e dessalinização.

TABELA 2. **Projetos financiados pelo Banco Mundial (PROBLUE e PROFISH) na América Latina, Caribe e Europa, de 2020 a 2024**

ANO FISCAL	FUNDO	NOME DA ATIVIDADE	REGIÃO	PAÍS OU REGIÃO
2023	PROBLUE	Promoção do Crescimento Azul Resiliente no Caribe	ALC	Caribe
2023	PROBLUE	Transporte Marítimo e Portos Sustentáveis na Turquia	Europa	Turquia
2023	PROBLUE	Economia Circular para Plásticos no Equador	ALC	Equador
2023	PROBLUE	Avaliação do Potencial da Economia Azul nas Cidades Costeiras de Belize	ALC	Belize
2023	PROBLUE	Fortalecimento da Gestão Regional do Corredor Marinho Tropical do Pacífico Oriental	ALC	Colômbia, Costa Rica, Equador, Panamá
2022	PROBLUE	Economia Oceânica Sustentável para o México	ALC	México
2022	PROBLUE	Priorização de Questões Marinhas e Costeiras no CCDR de Honduras	ALC	Honduras

VALOR DA PROPOSTA (US$)	PILAR	OBJETIVO
1.050.000	multi	Reforçar a resiliência das economias caribenhas por meio de soluções financeiras e do setor privado, incentivando novos setores de crescimento sustentável dentro da economia azul.
600.000	3	Apoiar o levantamento nacional de componentes-chave do setor marítimo na Turquia e facilitar o diálogo entre partes interessadas para fomentar consensos e alinhar práticas nacionais, estabelecendo bases para futuros investimentos em transporte marítimo e portos sustentáveis e descarbonizados.
280.000	2	Identificar cadeias de valor-chave de plásticos para mercados circulares, contribuindo para a redução da poluição no Equador.
300.000	multi	Preencher ALCunas de conhecimento e de dados nos setores oceânicos de Belize, visando subsidiar políticas e investimentos mais bem informados em sua economia azul.
300.000	4	Fortalecer a gestão regional do Corredor Marinho Tropical do Pacífico Oriental em apoio à proteção da biodiversidade e ao desenvolvimento de uma economia azul mais sustentável.
50.000	4	Reforçar a capacidade institucional, financeira e técnica do governo para promover um crescimento econômico oceânico sustentável, inclusivo e resiliente às mudanças climáticas.
50.000	4	Apoiar a base analítica do CCDR de Honduras para compreender melhor os riscos das mudanças climáticas nos ecossistemas marinhos e costeiros do país, além de identificar políticas e medidas que aumentem a resiliência às mudanças climáticas, promovendo simultaneamente o desenvolvimento da economia azul.

TABELA 2. **Projetos financiados pelo Banco Mundial (PROBLUE e PROFISH) na América Latina, Caribe e Europa, de 2020 a 2024**

ANO FISCAL	FUNDO	NOME DA ATIVIDADE	REGIÃO	PAÍS OU REGIÃO
2022	PROBLUE	Análise da ALCuna de Gênero na Economia Azul do Panamá	ALC	Panamá
2022	PROBLUE	Prevenção da Poluição no Mar Negro: Lixo Marinho e Custo da Inação	Europa	Países do Mar Negro
2022	PROBLUE	Ações para Redução da Poluição NPS na Bacia Matanza-Riachuelo, na Argentina	ALC	Argentina
2022	PROBLUE	Fortalecimento da Governança dos Recursos Naturais Marinhos e Costeiros da Colômbia	ALC	Colômbia
2022	PROBLUE	Série de Projetos Liberação do Potencial da Economia Azul do Caribe (UBEC)	ALC	Granada, Santa Lúcia, São Vicente e Granadinas, Comissão da OECS
2022	PROBLUE	Transformações Sistêmicas e Sinérgicas para uma Economia Oceânica Sustentável no México	ALC	México
2021	PROBLUE	Criação de um Ambiente Favorável ao Desenvolvimento da Economia Azul na Jamaica	ALC	Jamaica

VALOR DA PROPOSTA (US$)	PILAR	OBJETIVO
250.000	4	Reforçar a capacidade do governo para identificar ALCunas de gênero no setor marinho-costeiro e formular políticas adequadas para enfrentá-las.
550.000	2	(i) Melhorar o conhecimento e o diálogo regional sobre o lixo marinho e propor abordagens inovadoras para enfrentar o problema, com base em experiências globais; (ii) construir uma justificativa econômica para enfrentar a poluição no Mar Negro, estimando o custo da inação em termos de poluição por nutrientes, produtos químicos e plásticos.
800.000	2	Desenvolver uma abordagem abrangente para a redução da poluição por fontes não pontuais (NPS) na Bacia Matanza-Riachuelo (MRB).
355.000	4	Ampliar o conhecimento sobre governança e gestão dos recursos e ecossistemas marinhos e costeiros.
4.000.000	multi	Identificar ALCunas em políticas públicas, reformas organizacionais e necessidades de capacitação nos níveis nacional e regional dentro da OECS, com o objetivo de melhorar a competitividade da economia azul e fortalecer os ativos marinhos e costeiros dos quais ela depende.
1.000.000	4	Reforçar a capacidade institucional, financeira e técnica do governo para promover um crescimento econômico oceânico sustentável, inclusivo e resiliente às mudanças climáticas.
400.000	4	O objetivo desta atividade é ajudar a criar um ambiente favorável para fomentar o crescimento da economia azul da Jamaica e o uso sustentável e a gestão dos recursos oceânicos e marinhos.

TABELA 2. **Projetos financiados pelo Banco Mundial (PROBLUE e PROFISH) na América Latina, Caribe e Europa, de 2020 a 2024**

ANO FISCAL	FUNDO	NOME DA ATIVIDADE	REGIÃO	PAÍS OU REGIÃO
2021	PROBLUE	Medidas de Redução de Inundações Costeiras com Base na Natureza e Não-Estruturais em Cap-Haïtien, Haiti	ALC	Haiti
2021	PROBLUE	Fortalecimento da Governança para um Marco de Desenvolvimento Azul nas Galápagos, Equador	ALC	Equador
2021	PROBLUE	Construção de Linha de Base para um Marco de Desenvolvimento Azul no Peru	ALC	Peru
2021	PROBLUE	Impulsionando a Economia Azul da Costa Rica	ALC	Costa Rica
2021	PROFISH	Fundo para a Sustentabilidade dos Oceanos e da Aquicultura do Caribe (COAST)	ALC	Caribe
2021	PROFISH	Desenvolvimento Sustentável da Pesca na Costa Rica	ALC	Costa Rica
2021	PROFISH	Instalação de Sustentabilidade dos Oceanos e da Aquicultura do Caribe (COAST)	ALC	Caribe
2021	PROFISH	Implementação do COAST – Mecanismo de Seguro contra Riscos Catastróficos no Caribe (CCRIF)	ALC	Caribe

VALOR DA PROPOSTA (US$)	PILAR	OBJETIVO
430.000	multi	Desenvolver um plano de ação para fortalecer a proteção contra inundações nas periferias costeiras de Cap-Haïtien, no Haiti, utilizando soluções baseadas na natureza e medidas não-estruturais.
50.000	4	Realizar diagnóstico dos recursos costeiros e marinhos e da estrutura de gestão nas Galápagos, visando a construção de um Marco de Desenvolvimento Azul.
50.000	4	Compartilhar experiências internacionais sobre economia azul para integrar os principais setores produtivos e ambientais do Peru.
50.000	4	Apoiar o governo da Costa Rica no avanço da sua agenda de Economia Azul.
1.477.022	1	Melhorar a resiliência dos ecossistemas marinhos por meio de mecanismos inovadores que promovam e estimulem o crescimento azul sustentável no Caribe.
59.888	1	Fornecer análises jurídicas e de partes interessadas essenciais sobre o setor pesqueiro da Costa Rica para a preparação do projeto.
872.978	1	Melhorar a competitividade da economia azul da OECS e fortalecer a resiliência dos ativos marinhos e costeiros.
2.400.000	1	Reforçar a resiliência financeira dos países caribenhos por meio de seguros contra eventos climáticos selecionados que afetam o setor pesqueiro.

TABELA 2. **Projetos financiados pelo Banco Mundial (PROBLUE e PROFISH) na América Latina, Caribe e Europa, de 2020 a 2024**

ANO FISCAL	FUNDO	NOME DA ATIVIDADE	REGIÃO	PAÍS OU REGIÃO
2020	PROBLUE	Estudo de Pré-Viabilidade da Conectividade Portuária Azul Regional do Caribe	ALC	ALC
2020	PROBLUE	Desbloqueando o Potencial da Economia Azul do Caribe Oriental (UBEC)	ALC	Caribe
2020	PROBLUE	Prevenção da Poluição no Mar Negro	Europa	Europa e Ásia Central
2020	PROBLUE	Iniciativa Regional para Gestão de Resíduos Sólidos e Proteção Ambiental	ALC	Caribe
2020	PROBLUE	Iniciativa Regional para Gestão de Resíduos Sólidos (SWM) e Proteção do Ambiente Marinho – Região da América Central	ALC	América Central

FONTE: Adaptado de Relatórios PROBLUE 2020, 2021, 2022, 2023 e 2024. Tradução livre dos autores.

VALOR DA PROPOSTA (US$)	PILAR	OBJETIVO
380.000	3	Conduzir as análises necessárias para preparar uma futura operação regional de investimento – o Projeto Regional de Conectividade Portuária Azul do Caribe – que visa melhorar a eficiência e a resiliência dos portos, reduzir a poluição, aumentar a eficiência energética e a conectividade, e elevar a conformidade com o MARPOL em Estados caribenhos selecionados.
2.320.000	multi	Apoiar a Comissão da OECS (Organização dos Estados do Caribe Oriental) e os Estados-membros na identificação de ALCunas políticas, reformas organizacionais e necessidades de capacitação nos níveis nacional e regional, com o objetivo de melhorar a competitividade da economia azul e fortalecer os ativos marinhos e costeiros dos quais ela depende.
400.000	2	Melhorar o conhecimento nacional e regional sobre mitigação da eutrofização, desoxigenação, espécies invasoras, poluentes emergentes e resíduos, incluindo plásticos, no Mar Negro. Este trabalho complementa as ações do Banco Mundial em outros países ao redor do Mar Negro e contribuirá para aumentar a coordenação regional em intervenções contra a poluição marinha.
500.000	2	Desenvolver propostas concretas de projeto sobre gestão integrada de resíduos sólidos para mitigar o lixo marinho e a poluição, incluindo a poluição plástica proveniente de fontes terrestres em países selecionados do Caribe.
500.000	2	Desenvolver propostas concretas de projeto sobre gestão integrada de resíduos sólidos para mitigar o lixo marinho e a poluição, incluindo a poluição plástica proveniente de fontes terrestres em países selecionados da América Central.

No total, a região ALC concentrou 34 dos projetos analisados, enquanto a Europa participou com sete projetos. Os dados revelam uma disparidade significativa tanto em número de iniciativas quanto em alocação de recursos. A ALC recebeu aproximadamente US$ 22,8 milhões (88%), enquanto a Europa foi contemplada com US$ 3,0 milhões (12%) durante o período de análise (Gráfico 1). Essa diferença reflete a priorização geográfica do PROBLUE, alinhada ao foco do Banco Mundial em apoiar economias emergentes com maior vulnerabilidade socioambiental.

GRÁFICO 1. **Participação dos recursos financiados pelo Banco Mundial, por região (ALC e Europa, acumulado do período 2020-2024)**

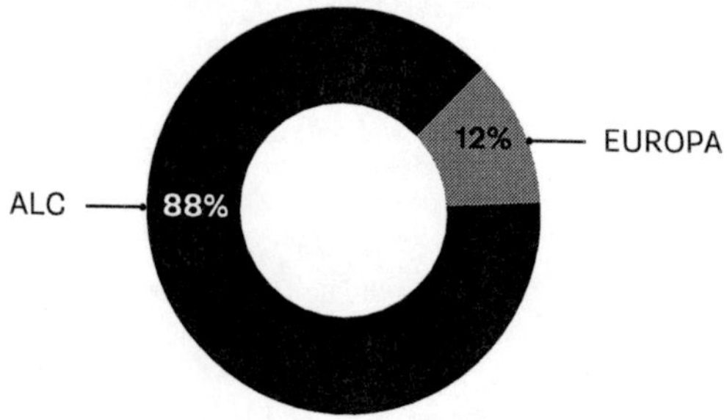

FONTE: Elaboração própria

O gráfico 2 evidencia a distribuição dos projetos apoiados pelo PROBLUE nos cinco anos analisados. O destaque vai para a região do Caribe, que concentrou o maior número de iniciativas (sete projetos), refletindo sua vulnerabilidade ambiental e a priorização histórica do Banco Mundial por Pequenos Estados Insulares em Desenvolvimento (SIDS). Em seguida, o Equador aparece com três projetos, o que pode ser atribuído à sua ativa participação em iniciativas regionais como o Corredor Marinho do Pacífico Tropical Oriental (CMAR) e ao foco crescente em estratégias de gestão costeira e combate à poluição plástica. Países como México e Honduras também figuram com múltiplos projetos (dois cada), sinalizando continuidade de apoio institucional e técnico.

GRÁFICO 2. **Total de projetos financiados, por país e/ou região, acumulado do período 2020-2024**

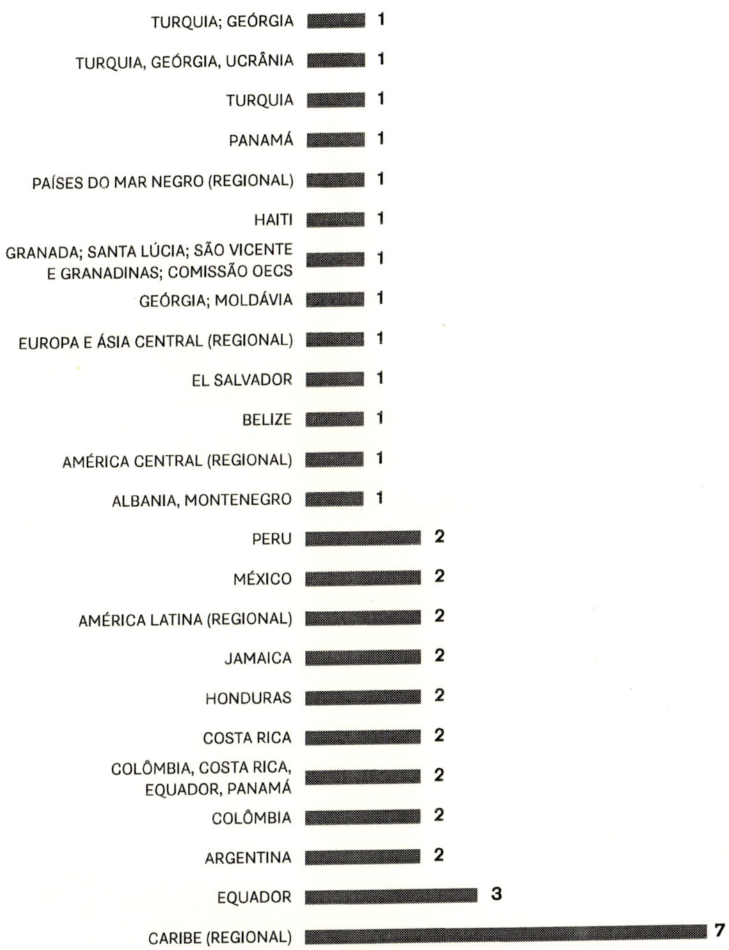

FONTE: Elaboração própria

A presença de agrupamentos regionais indica iniciativas com foco em capacitação técnica ou reformas políticas com impacto transfronteiriço. Essa distribuição sugere que o PROBLUE atua em regiões com estruturas institucionais aptas a absorver e implementar ações voltadas à economia azul, além de reforçar a importância das intervenções coletivas em escala regional.

A Tabela 3 apresenta a distribuição do financiamento do PROBLUE no período analisado, categorizada por país e/ou região e pelos quatro pilares temáticos do programa, além da categoria 'multipilares'. Os dados mostram um total de US$ 25,86 milhões destinados a projetos globais da economia azul, com destaque para os aportes no Pilar 1 (pesca e aquicultura), que recebeu US$ 5,26 milhões, correspondendo a 20,3% do total. Em seguida, aparece o Pilar 2 (poluição marinha) com US$ 4,4 milhões (17%), e o Pilar 4 (gestão integrada da paisagem marinha) com US$ 4,39 milhões (17%). O Pilar 3 (transição dos setores oceânicos tradicionais) foi o menos financiado, com US$ 1,32 milhão, representando apenas 5,1% do volume total. A maior parcela dos recursos, no entanto, foi alocada a projetos multipilares, que somam US$ 10,5 milhões, o equivalente a 40,6% do total, o que indica um esforço estratégico em promover abordagens integradas e intersetoriais que atendam simultaneamente a múltiplas dimensões da economia azul.

Do ponto de vista geográfico, o Caribe foi a região mais beneficiada, com um total de US$ 8,96 milhões, o que representa aproximadamente 34,7% do financiamento total, distribuídos entre os quatro pilares e iniciativas multi, o que evidencia uma priorização dessa região insular, altamente vulnerável às mudanças climáticas, degradação costeira e perda de biodiversidade. Em seguida, destaca-se o agrupamento 'Granada; Santa Lúcia; São Vicente e Granadinas; Comissão da OECS', com US$ 4 milhões, correspondentes a 15,5% do total, exclusivamente alocados em projetos de múltiplos pilares. Esse padrão se repete em outros países da ALC, como Equador (5,9%), México (4,1%), Colômbia (2,7%) e Honduras (1,7%), que também apresentam valores expressivos e envolvimento em diferentes dimensões da economia azul.

TABELA 3. **Distribuição do financiamento do PROBLUE, por país e/ou região e pilar, em US$, acumulado do período 2020-2024**

PILARES	PAÍSES E/OU REGIÕES	US$	% NO PILAR	% NO TOTAL
PILAR 1	Caribe (regional)	4.750.000	90%	18%
	Costa Rica	59.888	1%	0%
	Geórgia; Moldávia	450.000	9%	2%
PILAR 2	Albânia, Montenegro	300.000	7%	1%
	América Central (regional)	500.000	11%	2%
	Argentina	800.000	18%	3%
	Caribe (regional)	500.000	11%	2%
	Equador	280.000	6%	1%
	Europa e Ásia Central (regional)	400.000	9%	2%
	Países do Mar Negro (regional)	550.000	13%	2%
	Peru	350.000	8%	1%
	Turquia, Geórgia, Ucrânia	120.000	3%	0%
	Turquia; Geórgia	600.000	14%	2%
PILAR 3	Caribe (regional)	340.000	26%	1%
	América Latina (regional)	380.000	29%	1%
	Turquia	600.000	45%	2%
PILAR 4	Colômbia	705.000	16%	3%
	Colômbia, Costa Rica, Equador, Panamá	300.000	7%	1%
	Costa Rica	50.000	1%	0%

TABELA 3. **Distribuição do financiamento do PROBLUE, por país e/ou região e pilar, em US$, acumulado do período 2020-2024**

PILARES	PAÍSES E/OU REGIÕES	US$	% NO PILAR	% NO TOTAL
PILAR 4 (CONT.)	Equador	1.250.000	29%	5%
	Honduras	50.000	1%	0%
	Jamaica	680.000	16%	3%
	México	1.050.000	24%	4%
	Panamá	250.000	6%	1%
	Peru	50.000	1%	0%
MULTI PILARES	Argentina	500.000	5%	2%
	Belize	300.000	3%	1%
	Caribe (regional)	3.370.000	32%	13%
	Colômbia, Costa Rica, Equador, Panamá	1.000.000	10%	4%
	El Salvador	350.000	3%	1%
	Granada; Santa Lúcia; São Vicente e Granadinas; Comissão OECS	4.000.000	38%	15%
	Haiti	430.000	4%	2%
	Honduras	350.000	3%	1%
	América Latina (regional)	200.000	2%	1%
TOTAL GERAL		**25.864.888**		

FONTE: Elaboração própria

Os países europeus Albânia, Montenegro, Geórgia, Moldávia, Turquia e regiões do Mar Negro receberam recursos mais modestos, geralmente restritos a projetos nos pilares 1 e 2. A exceção é a Turquia, que acumulou US$ 1,32 milhão em projetos distribuídos entre os pilares 2 e 3, além de uma contribuição multipaíses com Ucrânia e Geórgia, totalizando cerca de 5,1% do financiamento global.

A análise por tipo de pilar revela que o apoio à pesca e aquicultura (Pilar 1) segue como prioridade do PROBLUE, refletindo o esforço global para adequação aos compromissos da OMC sobre subsídios à pesca e à agenda de segurança alimentar. O Pilar 2, voltado ao combate à poluição marinha, também recebeu atenção significativa, representando 17% do total, alinhando-se ao processo de negociação do tratado global sobre plásticos. O Pilar 3, que trata da transição dos setores tradicionais para práticas sustentáveis teve menor volume de financiamento (US$ 1,32 milhão), o equivalente a 5,1% do total, o que pode refletir tanto a complexidade da agenda de transformação produtiva quanto a necessidade de maior maturidade institucional para a execução de tais projetos.

Por fim, a categoria multipilares, com o maior volume financeiro (US$ 10,5 milhões, ou 40,6% do total), evidencia a tendência recente de integrar diferentes frentes de atuação nos projetos do Banco Mundial, permitindo respostas mais abrangentes aos desafios da economia azul. Esses projetos geralmente envolvem simultaneamente governança pesqueira, gestão costeira, combate à poluição e inclusão social, o que os torna particularmente relevantes para países com múltiplas vulnerabilidades socioambientais.

Uma análise mais aprofundada dos dados revela um *gap* significativo no financiamento de projetos diretamente ligados à adaptação climática baseada em ecossistemas (AbE), apesar de sua crescente importância na agenda global. Embora muitos projetos mencionem a resiliência como um objetivo, poucas iniciativas na carteira analisada focam explicitamente na restauração de ecossistemas-chave como manguezais e recifes de corais como principal estratégia para proteger as zonas costeiras de eventos climáticos extremos. Na ALC, onde a vulnerabilidade a furacões e à elevação do nível do mar é crítica, essa lacuna é particularmente preocupante. Isso sugere que, embora o PROBLUE tenha avançado na agenda de poluição marinha e gestão pesqueira, a integração de soluções baseadas na natureza como infraestrutura de proteção ainda representa uma fronteira a ser mais bem explorada pelo fundo.

Além disso, percebe-se uma baixa alocação de recursos para o Pilar 3 (transição sustentável dos setores econômicos tradicionais), que recebeu apenas 5,1% do financiamento. Esse dado é sintomático de um dos maiores desafios da economia azul: a dificuldade em transformar setores de alto impacto, como o transporte marítimo, o turismo de massa e a extração de óleo e gás. Enquanto os Pilares 1 e 2 (pesca e poluição) possuem agendas regulatórias internacionais mais claras e soluções técnicas mais estabelecidas, a descarbonização e a circularidade nos setores tradicionais exigem mudanças estruturais complexas e enfrentam forte resistência de interesses econômicos consolidados. A tímida atuação do PROBLUE nesta área pode indicar uma aversão ao risco ou uma falta de modelos de projeto viáveis, sinalizando uma área crítica que necessita de mais inovação em financiamento e política pública.

Considerações finais

A agenda oceânica ascendeu a uma posição de proeminência sem precedentes na política internacional, impulsionada pela urgência das crises climática e de biodiversidade, consolidando o oceano como uma fronteira indispensável para o desenvolvimento global. Nesse contexto, o conceito de economia azul emerge como um paradigma estratégico para conciliar a prosperidade econômica com a saúde dos ecossistemas marinhos, embora sua aplicação revele prioridades distintas entre as regiões. Na Europa, a agenda é marcada pela inovação tecnológica e pela descarbonização de setores consolidados, alinhada ao Pacto Verde Europeu. Em contraste, na ALC, a economia azul representa, antes de tudo, uma agenda de inclusão social, segurança alimentar e adaptação climática, focada na gestão sustentável de setores tradicionais e na resiliência de comunidades costeiras vulneráveis.

Ao direcionar mais de US$ 25 milhões a projetos regionais e nacionais focados na sustentabilidade marinha e costeira, o PROBLUE tem se consolidado como um instrumento-chave para a operacionalização de compromissos multilaterais como o Acordo de Paris, o Quadro Global de Biodiversidade e o Tratado BBNJ. A ênfase em abordagens multipilares, que concentraram mais de 40% dos recursos, indica uma aposta estratégica em soluções integradas e sistêmicas, com potencial para gerar impactos transformadores em contextos marcados por múltiplas vulnerabilidades ambientais, sociais e institucionais.

A distribuição dos investimentos evidencia uma priorização clara da região da ALC, que concentrou 88% dos recursos e 83% dos projetos analisados. Essa assimetria em relação à Europa, que recebeu apenas 12% dos recursos, reflete a orientação do Banco Mundial em apoiar países com maior exposição a riscos climáticos e com menor capacidade institucional. Ao mesmo tempo, a presença significativa de países europeus como doadores estratégicos do fundo reforça a relevância geopolítica da agenda oceânica e sua crescente interdependência entre financiamento, diplomacia ambiental e interesses econômicos globais.

A predominância de investimentos nos pilares 1 (pesca e aquicultura) e 2 (poluição marinha), somada à baixa participação do pilar 3 (transição dos setores econômicos), revela tanto os avanços quanto os desafios da implementação da economia azul. Por um lado, o foco na gestão sustentável dos recursos vivos e no combate à poluição responde de forma concreta a agendas regulatórias e ambientais urgentes. Por outro, a baixa alocação de recursos à transformação produtiva dos setores oceânicos tradicionais sugere a necessidade de fortalecer capacidades técnicas, marcos normativos e modelos de negócio que possibilitem essa transição.

Conclui-se que o PROBLUE vem desempenhando um papel relevante na indução de políticas públicas, no fortalecimento institucional e na coordenação internacional para o uso sustentável dos oceanos. Sua capacidade de mobilizar recursos, alinhar prioridades multilaterais e fomentar inovação em escala regional demonstra que fundos fiduciários podem ser instrumentos eficazes na implementação territorializada de agendas globais. No entanto, seu impacto de longo prazo dependerá da articulação entre financiamento, capacitação e regulação, bem como do aprofundamento de parcerias com os países beneficiários. O desafio que se impõe, portanto, é transformar o avanço técnico e financeiro já conquistado em políticas de Estado duradouras e em trajetórias de desenvolvimento verdadeiramente sustentáveis e inclusivas.

Embora alinhada com as prioridades globais, a estratégia do PROBLUE opera sob um paradigma predominantemente setorial e reativo, focando em problemas já consolidados como a sobrepesca e a poluição plástica. A abordagem, embora necessária, mostra-se insuficiente para promover uma transformação proativa e sistêmica em direção a uma economia genuinamente regenerativa. A baixa ênfase em áreas emergentes e transformadoras, como a biotecnologia marinha sustentável, o planejamento espacial marinho (PEM), com foco na conservação ou o desenvolvimento de cadeias de valor para produtos da sociobiodiversidade marinha, indica uma oportunidade perdida de usar o financiamento para catalisar a inovação disruptiva. O desafio futuro para o fundo será transcender a mitigação de danos e passar a fomentar ativamente novos modelos econômicos que coloquem a saúde do oceano e o bem-estar das comunidades no centro de suas operações.

Por fim, este capítulo evidencia que, apesar do discurso de promoção da economia azul, os projetos do PROBLUE ainda carecem de métricas robustas e transparentes para avaliar seu impacto social. A maioria dos objetivos dos projetos é descrita em termos técnicos e institucionais (ex: 'fortalecer a governança', 'melhorar o conhecimento'), com pouca clareza sobre como essas intervenções se traduzirão em benefícios concretos para as populações mais vulneráveis, como a melhoria da renda, a segurança alimentar ou a redução da desigualdade de gênero. Essa lacuna metodológica no monitoramento dos resultados impede uma avaliação mais crítica do real impacto do fundo no desenvolvimento sustentável.

Como sugestão para estudos futuros, (i) recomenda-se que o Banco Mundial adote indicadores de impacto social mais explícitos e desagregados, garantindo que o financiamento azul não apenas proteja o oceano, mas também promova uma prosperidade mais justa e compartilhada; (ii) aprofundar o entendimento sobre a operacionalização do PROBLUE no contexto do Banco Mundial, detalhando como a governança do fundo se articula com as diferentes áreas de atuação do banco, envolvendo múltiplos setores e parceiros locais; e (iii) ampliar a análise sobre os mecanismos de monitoramento e avaliação utilizados pelo PROBLUE, destacando como estes contribuem para a transparência, *accountability* e ajuste dinâmico das estratégias de intervenção, fatores reconhecidos na literatura como determinantes para o sucesso de mecanismos financeiros voltados à sustentabilidade do oceano.

COLGAN, Charles S. *A guide to the measurement of the market data for the ocean and coastal economy in the National Ocean Economics Program.* Monterey (CA): National Ocean Economics Program, January 2007. Disponível em: **https://oceaneconomics.org/Downloads/NOEP_Market_Guide.pdf**. Acesso em: 16 jul. 2025.

ECLAC (Economic Commission for Latin America and the Caribbean). *A decade of action for a change of era. Fifth report on regional progress and challenges in relation to the 2030 Agenda for Sustainable Development in Latin America and the Caribbean.* Santiago: ECLAC, 2022. Disponível em: **https://www.cepal.org/en/publications/47746-decade-action-change-era-fifth-report-regional-progress-and-challenges-relation**. Acesso em: 16 jul. 2025.

EUROPEAN COMMISSION. *A new approach for a sustainable blue economy in the EU:* Transforming the EU's Blue Economy for a Sustainable Future. Brussels: European Commission, 2021 (COM/2021/240 final). Disponível em: **https://eur-lex.europa.eu/legal-content/EN/TXT/?uri=CELEX:52021DC0240**. Acesso em: 16 jul. 2025.

IOC-UNESCO. *Global Ocean Science Report 2020:* Charting Capacity for Ocean Sustainability. Paris: UNESCO Publishing, 2021. Disponível em: **https://www.ioc.unesco.org/en/global-ocean-science-report**. Acesso em: 16 jul. 2025.

IPCC (Intergovernmental Panel on Climate Change). *Special Report on the Ocean and Cryosphere in a Changing Climate.* Genebra: IPCC, 2019. Disponível em: **https://www.ipcc.ch/srocc/**. Acesso em: 16 jul. 2025.

OECD (Organisation for Economic Co-operation and Development). *Sustainable Ocean for All*: Harnessing the Benefits of Sustainable Ocean Economies for Developing Countries. Paris: OECD Publishing, 2020. Disponível em: **https://www.oecd.org/en/publications/sustainable-ocean-for-all_bede6513-en.html**. Acesso em: 16 jul. 2025.

OECD (Organisation for Economic Co-operation and Development). *The Ocean Economy in 2030*. Paris: OECD Publishing, 2016. Disponível em: **https://www.oecd.org/environment/the-ocean-economy-in-2030-9789264251724-en.htm**. Acesso em: 16 jul. 2025.

PAULI, G. A. *The Blue Economy*: 10 years, 100 innovations, 100 million jobs. Taos: Paradigm Publications, 2010.

REINSBERG, Bernhard. "Trust funds as a lever of influence at international development organizations". *In*: *Global Policy*, v. 8, supl. 5, p. 85–95, ago. 2017. DOI: 10.1111/1758-5899.12464.

SANTOS, Thauan. "Blue Economy Beyond Maritime Economics". *In*: KENNEDY, Greg; MOREIRA, William de Sousa. (Org.). *Power and the Maritime Domain*. London: Routledge, 2023, v. 1, p. 215-232.

SANTOS, Thauan; COLGAN, Charles S. "Economia azul e integração regional na América Latina e Caribe: um regionalismo além das fronteiras terrestres". *In*: *Revista Brasileira de Política Internacional*, Brasília, DF, v. 66, n. 1, e003, 2023. Disponível em: **https://www.scielo.br/j/rbpi/a/mgvtcgfckRymg6GpcNzL5fg**. Acesso em: 16 jul. 2025.

SILVER, J. J. *et al.* "Blue Economy and Competing Discourses in International Oceans Governance". *In*: *The Journal of Environment & Development*, v. 24, n. 2, p. 135-160, 2015. Disponível em: **https://journals.sagepub.com/doi/abs/10.1177/1070496515580797**. Acesso em: 16 jul. 2025.

UNCTAD (United Nations Conference on Trade and Development). *Trade and Environment Review 2023*: Building a sustainable ocean economy. Genebra: UNCTAD, 2023. Disponível em: **https://unctad.org/publication/trade-and-environment-review-2023**. Acesso em: 16 jul. 2025.

UNITED NATIONS. *The Second United Nations Ocean Conference*. 2023. Disponível em: **https://www.un.org/en/conferences/ocean2022**. Acesso em: 16 jul. 2025.

WORLD BANK. *Home*. Disponível em: **https://www.worldbank.org/ext/en/home** . Acesso em: 1 jun. 2025.

WORLD BANK. *PROBLUE — Programa de economia azul*. Disponível em: **https://www.worldbank.org/en/programs/problue**. Acesso em: 3 jun. 2025.

WORLD BANK. *PROBLUE*: Annual Report 2020. Washington, D.C.: World Bank, 2020. Disponível em: **https://www.worldbank.org/en/programs/problue**. Acesso em: 3 jun. 2025.

WORLD BANK. *PROBLUE*: Annual Report 2021. Washington, D.C.: World Bank, 2021. Disponível em: **https://www.worldbank.org/en/programs/problue**. Acesso em: 3 jun. 2025.

WORLD BANK. *PROBLUE*: Annual Report 2022. Washington, D.C.: World Bank, 2022. Disponível em: **https://www.worldbank.org/en/programs/problue**. Acesso em: 3 jun. 2025.

WORLD BANK. *PROBLUE*: Annual Report 2023. Washington, D.C.: World Bank, 2023. Disponível em: **https://www.worldbank.org/en/programs/problue**. Acesso em: 3 jun. 2025.

WORLD BANK. *PROBLUE*: Annual Report 2024. Washington, D.C.: World Bank, 2024. Disponível em: **https://www.worldbank.org/en/programs/problue**. Acesso em: 3 jun. 2025.

WORLD BANK; UN DESA (United Nations Department of Economic and Social Affairs). *The Potential of the Blue Economy: Increasing Long-term Benefits of the Sustainable Use of Marine Resources for Small Island Developing States and Coastal Least Developed Countries.* Washington, D.C.: World Bank, 2017. Disponível em: **https://openknowledge.worldbank.org/handle/10986/26843**. Acesso em: 16 jul. 2025.

SOBRE AS AUTORAS E OS AUTORES

ANA PAULA TOSTES é professora Titular na Universidade do Estado do Rio de Janeiro (UERJ) e Jean Monnet Chair na UERJ (EUgac). Doutora em Ciência Política pelo IUPERJ e mestre em Direito pela PUC-Rio, Senior Fellow do Centro Brasileiro de Relações Internacionais (CEBRI), professora do Programa de Pós-graduação em Ciência Política no Instituto de Estudos Sociais e Políticos (PPGCP/IESP/UERJ) e do Departamento de Relações Internacionais da UERJ. Pesquisadora por Produtividade da FAPERJ (Prociência/UERJ) e CNPq (PQ). É membro do Observatório Insterdisciplinar de Mudanças Climáticas (OIMC) e coordenadora do LabRI/UERJ. Foi professora visitante na Universidade Livre de Berlim (ULB), realizou pós-doutorado e foi professora visitante no Departamento de Ciência Política da Universidade de São Paulo (USP), professora visitante e associada no Departamento de Ciência Política e no James Madison College (JMC), Michigan State University (MSU, EUA).

ANDREA RIBEIRO HOFFMANN é doutora em Ciência Política e Relações Internacionais pela Universität TubingaTübingen (Alemanha), professora associada no Instituto de Relações Internacionais da Pontifícia

Universidade Católica do Rio de Janeiro (PUC-Rio), e professora colaboradora na Universidade Federal da Integração Latino Americana (UNILA). É também Senior Fellow no Centro Brasileiro de Relações Internacionais (CEBRI). Especialista em regionalismo comparado especialmente latino-americano e europeu, e relações entre UE e América Latina. Membro das redes de pesquisa internacionais GRIDALE, Jean Monnet Network 'EU Values' e 'United in Knowledge: EU-Latin America Academic Synergies'. Foi pesquisadora visitante em 2004 durante o sabático na UNU-CRIS, European Parliament Research Service (EPRS), e BIRT/Free University Berlin.

BRUNO THEODORO LUCIANO é pesquisador da Universidade Estadual Paulista (UNESP) e do Programa de Pós-Graduação em Relações Internacionais San Tiago Dantas (UNESP-UNICAMP-PUC-SP). Pesquisador Associado no Instituto de Estudos de Integração Regional Comparados da Universidade das Nações Unidas (UNU-CRIS), Bélgica. Doutor em Ciência Política e Estudos Internacionais (University of Birmingham, Reino Unido), Mestre e Bacharel em Relações Internacionais (Universidade Brasília, Brasil). Coeditor do periódico Contemporary European Politics (UACES e Wiley). Foi pesquisador de pós-doutorado Marie-Sklodowska Curie na Universidade Livre de Bruxelas (ULB) e *teaching fellow* em Políticas Públicas e Estudos Europeus na Universidade de Warwick (Reino Unido). Sua pesquisa se concentra nos desenvolvimentos políticos das relações União Europeia-América Latina e Caribe, examinando suas dimensões intergovernamentais e interparlamentares.

CARINE LACERDA é doutoranda em Estudos Marítimos na Escola de Guerra Naval (EGN), com tema de pesquisa em economia e finanças azuis. Mestra em Geografia pela Pontifícia Universidade Católica do Rio de Janeiro (PUC-Rio), oceanógrafa formada pela

Universidade Federal do Rio Grande (FURG) e economista formada pela Universidade Cândido Mendes (UCAM). Trabalha na filantropia, com projetos de engajamento do setor privado na agenda climática e redirecionamento de investimentos para uma economia de baixo carbono. Integra o Grupo de Economia do Mar (GEM), subgrupo de finanças azuis.

CARLOS R. S. MILANI é professor titular de Relações Internacionais no Instituto de Estudos Sociais e Políticos da Universidade do Estado do Rio de Janeiro (IESP/UERJ), pesquisador do Conselho Nacional de Desenvolvimento Científico e Tecnológico (CNPq) e Cientista do Nosso Estado (Fundação de Amparo à Pesquisa do Estado do Rio de Janeiro — FAPERJ). Coordenador e fundador do Observatório Interdisciplinar das Mudanças Climáticas da UERJ, criado em 2020, integra o Painel Científico sobre Integridade da Informação sobre Ciência do Clima (**https://www.ipie.info/panels/scientific-panel-on-information-integrity-about-climate-science**) e o *Climate Social Science Network* (www.cssn.org). Seus projetos de pesquisa, cursos ministrados e publicações encontram-se disponíveis em **https://www.carlosmilani.com.br**.

FERNANDA CRISTINA NANCI IZIDRO GONÇALVES é professora do Departamento de Relações Internacionais da Universidade do Estado do Rio de Janeiro (UERJ) (graduação e pós-graduação (PPGRI). Doutora em Ciência Política pelo Instituto de Estudos Sociais e Políticos (IESP/UERJ) (2019), mestre em Relações Internacionais pela Pontifícia Universidade Católica do Rio de Janeiro (2011), especialista em Gerenciamento de Projetos pela Universidade Federal Fluminense (2014) e graduada em Relações Internacionais pelo Centro Universitário La Salle — RJ (2008). Coordenadora do Núcleo de Estudos Atores e Agendas de Política Externa (NEAAPE-IESP-Uerj).

KAI LEHMANN é graduado em Política pela University of Liverpool (1998), Mestrado (MA) em Política da União Europeia pela University of Liverpool (1999), e Doutorado (PhD) em Relações Internacionais pela University of Liverpool (2010). É Livre Docente pela Universidade de São Paulo. Atualmente é Professor Associado (II) de Relações Internacionais na Universidade de São Paulo (USP). Tem experiência na área de Ciência Política, com ênfase em Política Internacional, atuando principalmente nos seguintes temas: crises e o papel de organizações regionais em enfrentá-las, União Europeia e integração regional.

LUCCA VIERSA BARROS SILVA é doutor em Estudos Urbanos pelo Instituto Universitário de Lisboa (ISCTE) e pela Universidade Nova de Lisboa. Possui mestrado em Relações Internacionais pela Universidade do Estado do Rio de Janeiro (UERJ) e em Intervenção Social, Cultura e Diversidade pela Universidad Pablo de Olavide (Sevilha/Espanha). Atua nas áreas de políticas públicas, estudos urbanos, estudos europeus, sustentabilidade, democracia, cidadania, política internacional e sistemas complexos. Foi bolsista da Associação Universitária Iberoamericana de Pós-graduação (AUIP), da Coordenação de Aperfeiçoamento de Pessoal de Nível Superior (CAPES), da Fundação Para a Ciência e Tecnologia (FCT Portugal) e do *Institut Français na École des Hautes Études em Sciences Sociales* (Paris/França).

MARIA LAURA LANZA é mestre em Relações Internacionais pela Université Libre de Bruxelles e bacharel em Estudos Europeus pela Universidade de Maastricht, atualmente trabalha para a Delegação da União Europeia em Cuba. Suas experiências profissionais e acadêmicas no Chile despertaram seu interesse de pesquisa no exame das estratégias de cooperação para o desenvolvimento entre a UE e a América Latina, com foco em seus impactos sobre a sustentabilidade, a desigualdade e a proteção dos direitos humanos. Realizou pesquisas sobre relações exteriores da UE e redução da pobreza em países de baixa e média renda em várias ONGs europeias, em uma instituição acadêmica no Chile e em um *think tank*. Além disso, seu histórico profissional inclui a defesa dos direitos humanos na América Latina.

PATRICIA NASSER DE CARVALHO é professora Adjunta do Departamento de Ciências Econômicas da Universidade Federal de Minas Gerais (UFMG). Graduada em Ciências Econômicas pela Universidade Estadual de Campinas (UNICAMP, 2006). Mestre em Relações Internacionais pela Universidade Federal Fluminense (UFF, 2008). Doutora em Economia Política Internacional pela Universidade Federal do Rio de Janeiro (UFRJ, 2015). Pesquisadora do Observatório de Regionalismo.

POLIANNA DE ALMEIDA PORTELA é doutoranda em Ciência Política pelo Instituto de Estudos Sociais e Políticos (IESP) da Universidade do Estado do Rio de Janeiro (UERJ). Atua como pesquisadora no Observatório Interdisciplinar das Mudanças Climáticas (OIMC) e no Laboratório de Análise Política Mundial (LABMUNDO). Possui mestrado em Gestão Pública e Cooperação Internacional (PGPCI) pela Universidade Federal da Paraíba e graduação em Relações Internacionais pela Universidade Estadual da Paraíba (UEPB).

THAUAN SANTOS é professor Adjunto do Programa de Pós-Graduação em Estudos Marítimos da Escola de Guerra Naval (PPGEM/EGN) e Coordenador do Grupo Economia do Mar (GEM). Economista (IE/UFRJ), possui pós-doutorado em economia azul pelo *Middlebury Institute of International Studies* (CBE/MIIS), Califórnia (Estados Unidos), e em Ciências Econômicas pela Università di Bologna (DSE/UniBo), Bolonha (Itália). Participa do *Pool of ExpertsPool of Experts da*

United Nations Division for Ocean Affairs and the Law of the Sea (UM DOALOS) e do *Panel of Technical Experts do Global Ocean Accounts Partnership* (GOAP).

YASMIN RENNI é doutoranda em Relações Internacionais pela Universidade NOVA de Lisboa (Portugal) e mestre em Relações Internacionais pelo Programa de Pós-graduação em Relações Internacionais da Universidade do Estado do Rio de Janeiro (PPGRI-UERJ). Possui especialização em Gestão de Negócios Internacionais e licenciatura em Ciências Econômicas pela Universidade Federal do Rio de Janeiro (UFRJ), com intercâmbio na Universitá degli Studi di Bologna, Itália. É membro da equipe de projeto da Cátedra Jean Monnet na Universidade do Estado do Rio de Janeiro (EUgac-UERJ). Suas áreas de pesquisa são Europeização, Agendas Verde e Digital da UE, Vizinhança do Leste.